KB132109

테마가 있는
카페조경

테마가 있는 

카페조경

초판 인쇄 | 2022년 10월 22일
초판 발행 | 2022년 10월 22일

저 자 | 이정우

자문위원 | 아이디얼가든 대표 임춘화
생태환경Design연구소 장익식 이학박사(L.A CM)
전 육군사관학교 조경실장 김재원

발행인 | 이인구
편집인 | 손정미
사 진 | 인산, 이현수
디자인 | 나정숙
도 면 | 최재림

출 력 | (주)삼보프로세스
종 이 | 영은페이퍼(주)
인 쇄 | (주)웰컴피앤피
제 본 | 신안제책사

펴낸곳 | 한문화사
주 소 | 경기도 고양시 일산서구 강선로 9, 1906-2502
전 화 | 070-8269-0860
팩 스 | 031-913-0867
전자우편 | hanok21@naver.com
출판등록번호 | 제410-2010-000002호

ISBN | 978-89-94997-49-0(13540)
가격 | 43,000원

Cafe Landscaping and Design

테마가 있는

카페조경

저자 이 정 우

한문화사

들어가는 말

카페는 1920년대 무렵 대중이 많은 도심 속에 나타나기 시작했다. 등장 초기에는 다방, 찻집, 커피숍 등과 같이 단순히 차를 마시거나 사람을 만나는 기능적인 장소에 지나지 않았다. 그러나 점차 사회적, 경제적인 흐름과 변화의 물결에 따라 새로운 모습으로 바뀌면서 사교, 업무, 학업, 여가 등 더 확장된 의미의 다양한 이용행태를 보이는 다목적 공간으로 발전하여 이제는 대중들이 집을 떠나 많이 찾고 모이는 특별한 공간이 되고 있다.

최근에 나타나는 카페의 흐름은 하나의 예술 공간, 더 나아가 복합문화공간으로서 대형화·고급화·차별화가 대세를 이룬다. 단순히 먹고 마시는 기능은 기본이고, 그 외에 다양한 테마로 이루어진 볼거리와 즐길 거리로 개성과 다양성을 추구하면서 이색적인 공간에 관심이 많은 현대인의 고급스러운 미각과 세련된 정서를 만족시켜 손님들의 눈과 입맛을 사로잡고 있다. 베이커리와 카페, 카페를 겸한 편집숍, 카페와 디자인 혹은 패션의 결합, 카페와 갤러리 등 다양한 요소가 결합한 장소에서 카페를 운영하는 것은 흔한 양상으로 영역 간 경계를 허물며 확장을 거듭하고 있는 복합문화공간으로써의 카페는 더 이상 낯선 경험이 아니다.

여기에 더하여 최근 또 다른 새로운 트렌드로 자리 잡고 있는 전원 카페는 빌딩 숲속의 도심 카페와는 다른 녹색공간에서 자연을 마음껏 즐길 수 있다는 차별성을 내세운다. 산들거리는 바람과 신선한 공기를 느끼며 차 한 잔을 음미하는 맛은 도시에서 쉽게 느낄 수 없는 낭만과 힐링을 보상받는다. 이런 전원카페는 주로 넓은 대지 위에 예술성이 가미된 테마 조경을 가꾸어 도심 속의 카페와는 차별화된 인기몰이를 한다. 자연환경을 사람이 즐기기에 알맞도록 개선해 소통의 공간으로 진화하며 연인이나 가족들의 특별한 나들이 공간이 되고 있다. 자연을 꿈꾸는 유기적 공간, 읽고 머무는 시간, 휴식과 만남을 위한 소중한 공간, 추억과 낭만을 새기고 삶의 활력을 되찾을 수 있도록 오감의 만족을 가득 채워주는 소중한 공간으로 전원 카페는 더욱 인기가 있다.

전원 카페의 정원에 펼쳐진 꽃과 나무는 특별한 분위기를 만드는 가장 중요한 요소로 다양한 식물을 배치해 공간을 통일하거나 분할하기도 한다. 자연을 실내에 들이면 그 자체만으로도 이국적인 곳으로 여행을 온 듯한 효과를 주기도 한다. 식물의 힘을 강조하여 식물을 접점으로 모이고, 푸릇푸릇한 영향력으로 방문객에게 친근한 이야기를 건넨다. 매 계절 매 순간 다른 이야기를 써나가는 식물은 마치 살아 있는 것처럼 공간을 유기적으로 재구성한다. 커피와 예술, 자연을 한 번에 즐기며 정서적 힐링을 통해 가슴을 채우는 포만감은 손님들에게 큰 덤이다.

『카페조경』은 이런 전원 카페 중 아름다운 정원으로 사람들이 많이 찾는 곳을 소개한다. 『전원주택조경』, 『한옥조경』에 이은 세 번째 조경시리즈다. 자연과 조경이 어우러진 전원카페나 나만의 아름다운 조경을 꿈꾸는 모든 이들에게 이 책이 하나의 좋은 참고자료가 되주길 바란다. 끝으로, 오랜 기간 책의 완성을 위해 시종일관 노력과 시간을 아끼지 않은 관계자 여러분과 아름다운 카페의 모습을 기록으로 남길 수 있도록 취재에 흔쾌히 협조해주신 카페 관계자 여러분께 심심한 감사의 마음을 전한다.

한문화사 편집부

최고의 경쟁력, 차별화된 테마조경으로 고객의 그린 꿈을 실현하는 '조경나라'

다양한 조경설계·시공 노하우를 지닌 끼 많은 꾼들이 고품격 조경 디자인을 제공합니다.

조경나라는 아름다운 정원을 꿈꾸는 사람들의 휴식과 재충전을 위한 녹색공간을 디자인하고 설계·시공하는 조경전문업체입니다. 용인시 처인구 남사면 전궁리사거리에 3,967㎡(1,200평)의 상설전시관을 두고, 각종 조경수와 야생화, 조경석, 한옥 점경물, 조경 첨경물과 소품 외 식물에 대한 유용한 정보까지 일괄 판매망을 구축하여 조경공사는 물론, 조경에 필요한 각종 자재를 공급하고 있습니다. 전시관은 유럽의 서양식 조경과 동양식 조경을 다양한 디자인으로 꾸며 놓아, 언제든지 방문하여 관람하고 쉴 수 있도록 편의를 제공하고 있습니다.

▶ 1,200평 상설 전시관 개방, 조경자재 일괄 구매 가능

▶ 전시관 부근 조경수 직영 농장 1,500평 운영, 조경수 일괄 구매 가능

용인 지곡동주택 L씨댁

인천 영종도주택

▶ 주요 취급 품목: 서양식 정원 유통, 동양식 정원 유통, 조경수(소나무, 특수목 등), 조경석, 조경 용품, 잔디, 묘목, 과실수, 야생화 일절 유통

▶ 점경물 품목: 정자, 계단재, 디딤석(원형, 사각, 부정형), 경계석, 괴석, 호피석, 사괴석, 맷돌, 물확, 석분, 석탑, 석등, 물레방아 등

▶ 조경수 품목: **특수목:** 소나무, 반송, 주목, 홍·청단풍, 목철쭉, 목수국, 삼광향나무, 팽나무, 백일홍, 목단, 화살나무 등

일반목: 에메랄드그린·골드, 블루엔젤 레드로빈(홍가시나무), 히버니카, 금송, 라일락, 산딸나무, 모과나무, 살구나무, 매화나무, 블루베리, 수양홍도, 체리, 보리수 외 각종 유실수

관　목: 미스김라일락, 남천, 눈향나무, 황금측백나무, 말발도리 등

▶ 전원주택 조경 시공과정

마사토 반입 후 성토작업

디딤석 놓기

크레인을 이용한 자재 운반

휴식공간 석재데크 시공

잔디 깔기

야생화 식재

현무암을 이용한 화단 조성

수공간과 조형물을 이용한 화단 조성

조경 완성 후의 현관 모습

전원주택 조경 전경

화단　수경시설　전통정자

옹벽　점경물 조원　계단과 디딤돌

나무, 돌, 물, 야생화 등 자연소재를 이용한 자연식조경 연출

복잡한 문명 속을 살아가는 현대인들은 자연 속에 묻혀 유유자적하는 삶을 원하는 동경심은 끝이 없다. 자연에 대한 그리움을 나무, 돌, 물, 야생화 등 자연소재를 이용하여 정원에 재현하여 찾을 수만 있다면 삶은 더욱더 행복해질 것이다. 현대인의 마음의 휴식처인 녹색공간으로 조경나라에서 디자인하고 설계·시공한 조경사례를 소개한다.

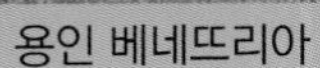

용인 베네뜨리아

여수 소호주택

CON-
TENTS

들어가는 말 005

정원을 디자인하다

정원을 디자인하다 014

카페조경 사례

01 대구 헤이마 콘크리트 현대건축과 절제된 식재의 조화로움 029

02 하동 더로드101 다양한 형태의 석재 디테일이 돋보이는 조경 043

03 양평 그린망고 컬러 테마로 공간을 연출한 유럽식 포멀가든 057

04 양주 오랑주리 자연을 품은 대형 유리온실의 식물원 카페 071

05 당진 해어름 일출과 일몰의 바다 풍광이 아름다운 정원 085

06 아산 모나무르 물과 빛, 소리와 예술이 함께 어우러진 공간 099

07 고양 포인트빌 북한산 절경이 병풍처럼 펼쳐진 숲 속 힐링정원 113

08 인천 선재해림 탁 트인 바다 풍광과 조화를 이룬 풀빌라 평면 조경 127

09 서종 투썸플레이스 북한강 뷰를 고스란히 담은 테라스 위의 미니정원 139

10 강화 핀오크 친환경 조경 요소를 결합한 이색적인 비밀의 정원 151

11 양주 헤세의정원 북유럽 스타일이 배어있는 북한산 밑 초록 정원 165

12 양평 더그림 방송 촬영지로 유명한 그림보다 더 그림 같은 정원 177

13 칠곡 시크릿가든 산골짜기에 숨어 있는 아름다운 비밀의 화원 191

14 이천 카페다원 명품 분재 소나무와 조경석 연출이 돋보이는 정원 205

15 양평 봄파머스가든 삶과 문화가 공존하는 아름다운 자연 정원 217

16 평창 보타닉가든 음악과 감성, 낭만이 흐르는 산중 작은 수목원 231

17 완주 아원고택 전통과 현대의 절묘한 어우러짐, 자연 속 '우리들의 정원' 243

18 기장 흙시루 전통문화가 살아 숨 쉬는 도심 속 그린 오아시스 257

CHAPTER 3 테마조경 사례

19 광주 곤지암 화담숲 전통담장길 예스러움이 돋보이는 전통담장 테마조경 273

20 가평 제이드가든 숲 속 작은 유럽의 다채로운 테마정원 285

21 연천 허브빌리지 한국의 작은 지중해, 유럽식 힐링 정원 299

22 정읍 내장산골프&리조트 조경블록으로 특색있게 구현한 그린 언덕 위 조경 313

23 강화 엘리야리조트 낭만적인 바다의 차경과 석재 디자인이 돋보이는 정원 325

24 강화 한수그린텍 대칭과 비대칭의 조화로움, 이색적 가을정원과 암석원 337

권말부록

정원의 수목과 초화 200선

정원의 수목 100 348

정원의 초화 100 354

CHAPTER 1

정원을 디자인하다

정원 디자인에 앞서 정원이란 무엇이며, 어떤 의미가 있고, 어떤 유형으로 분류할 수 있는지, 대략적인 개념을 소개한다. 정원 디자인은 정원의 이용과 즐거움, 아름다움을 위해 공간을 구성하고 식물과 필요한 구조물을 아름답게 적절히 배치하는 종합예술이다. 정원 디자인의 첫 단계인 필요와 여건에 맞는 스타일을 정할 수 있도록 포멀가든, 로맨틱한 코티지 가든, 컨템포러리 가든, 자연주의 스타일 가든, 키친 가든, 한국 전통정원 등 다양한 정원을 소개한다. 이어서 정원 부지를 조사·분석하여 공간을 디자인하고 알맞은 식재를 선택하여 정원을 디자인하고 완성해 나가는 과정을 소개한다.

정원을 디자인하다

가든디자이너 임춘화 글

- 아이디얼가든 대표
- 한국정원디자이너협회 회장
- 한양대학교 공학대학원 겸임교수
- 한양대학교 도시대학원 도시경관 생태조경전공 석사
- Leeds Metropolitan University 졸업
  Visual and creative studies Garden Design Certificate
- 국민대학교 법과대학 대학원 국제법 석사
- 국민대학교 법과대학 학사

스쿨과정
- 정원디자인 전문가과정, 정원디자인 취미과정, 식재디자인 과정 운영

주요 경력·수상내역
- 순천만 국제정원박람회 자문위원·정원디자인 심사위원
- 고양 국제꽃박람회 '골목길의 향수'정원 조성 농림축산식품부장관상
- 제1회 코리아가든쇼 최고작가상 수상
- 화담숲 컨설팅, 식재 디자인 및 시공·감리

저서
- 행복한 놀이, 정원디자인
- PLANTING DESIGN 정원의 식재 디자인

주소_서울 종로구 새문안로3길 23 경희궁의아침4단지 오피스텔 1306호
Tel. 02-725-2737
E-mail_leesil1427@naver.com
홈페이지_www.idealgarden.co.kr

1. 정원의 의미

정원 디자인에 앞서 정원이란 무엇이며, 어떤 의미가 있고, 어떤 유형으로 분류할 수 있는지, 대략적인 개념을 머리에 그려보도록 하자. 기독교인이 아니더라도 누구나 에덴동산에 대해서 알고 있을 것이다. 아담과 하와가 살았던 곳이자 그중에서도 신이 특별히 만들어 둔 공간, 바로 가든(Garden)이 있었다. 신이 보기에 인간이 머물기에 가장 이상적인 장소로 에덴 정원을 만들어주지 않았을까 하는 행복한 상상력을 남긴다. 인류가 분투해 온 모든 역사의 정점에는 행복이 있고, 그 행복을 찾을 수 있는 곳은 바로 정원이 아닐까 생각해본다. 정원은 회복하고, 쉼을 얻고 싶다는 간절한 본성이 표현된 공간이 아닌가 싶다.

정원이란 주택에 달린 허브, 과일, 꽃, 채소 등을 기르는 공간을 말하며 종종 꽃과 식물이 식재된 공원도 정원으로 부른다. (Cambridge Dictionary 참조) 이처럼 정원은 개인 주거지와의 연계성을 가진 사적 주거용 가든(private residential garden)과 일반에게 공개된 공공 정원(public garden) 등 다양한 형태가 있다.

정원의 어원은 동서양을 막론하고 다른 세상과 사적으로 분리된 영역성(enclosure)에 뿌리를 두고 있다. 정원의 중세 영어식 표현인 'gardin' 및 그 선조라 할 수 있는 고대 독일어의 'gart'는 모두 '담으로 둘러싸인 장소(enclosure)'라는 의미가 있다. 정원을 의미하는 라틴어 'hortus' 역시 원예 및 과수의 뜻에 담으로 박힌 장소라는 의미였다. 동양에서도 정원을 나타내는 한자인 원(園)은 에워쌀 위(囗)와 원(袁)자가 모여 있다. 일차적 구성요소가 외부 세상과의 격리에 있음을 보여주고 있다는 것이다.

정원은 그야말로 그 안에서 나름대로 하나의 세계를 누리는 공간 속의 공간이다. 정원 문화가 가장 왕성한 영국에서는 예로부터 골프와 승마보다 더 귀족적인 취미로 가드닝을 꼽고 있다. 자신만의 공간 안에서 자연을 대표하는 흙을 매개로 수목과 초화를 심고 다듬는 곳이었다. 적절한 노동을 통해 자연의 심미성을 더욱 만끽하며 심신의 건강을 도모하고 참된 휴식을 취했던 선인들의 지혜가 정원에 담겨있는 것이다.

이처럼 정원은 인류의 지락(至樂)의 장소로서, 실낙원(The Lost Garden)의 아쉬움으로써, 복낙원(Back to the Garden)으로서 동경의 대상이다. 동서고금을 막론하고 우리는 아주 일상적인 삶을 통해 건강한 정신과 육체에 자연과 더불어 하는 적절한 노동과 땀 이상의 것이 없다는 것을 알고 있다. 칼 구스타프 융은 말년에 알프스의 한 기슭에 있는 텃밭 정원을 가꾸면서 정신노동과 육체노동의 적당한 긴장과 이완을 꾀하였다. 그는 인간의 내면에 관한 깊은 성찰자였고 정원에서의 생활이 주는 유익함에 관하여 체험적으로 실증한 대표적인 사람이었다. 다산 정약용 선생은 일찍이 "차를 마시는 민족은 흥하고, 차를 마시지 않는 민족은 쇠한다."고 하였다. 차 한 잔이 주는 시간의 여백이 정신적 충일함과 타인과 깊이 있는 교제를 가능케 하고 사회에 긍정적 활력을 불러일으킨다는 의미가 아니었을까. 다산 선생의 말씀에 하나를 보태 차와 자신을 즐길 수 있는 평안함이 가득한 정원 속에서 사람들과 진솔하고 유쾌한 사귐이 이루어진다면 진정한 행복을 찾을 수 있을 것이다.

이 시대에 정원이 재조명되어야 할 이유는 정원을 구성하는 나무와 꽃들의 종류만큼 다양하다.

2. 정원 디자인은 무엇인가

정원 디자인이란 한마디로 정원의 이용과 즐거움, 아름다움을 위해 공간을 구성하고 식물과 필요한 구조물을 아름답게 적절히 배치하는 예술이다. 원예 지식을 기반으로 자연적 형태와 인위적 건축물 질서를 조화시킨다. 예술과 공학, 사람과 자연을 매개한다. 정원 디자인은 그 주변을 둘러싼 공간적 이용을 주된 요소로 하므로 도시 외곽의 대규모 정원에서부터 도심의 쇼핑몰 주변 공간, 개인 정원에 이르기까지 식물이 살 수 있는 토양이 있는 곳이면 어디든지 대상이 된다. 정원은 자연과 더불어 그 안에서, 그러나 때로는 그것을 넘어서는 시도를 하기도 한다. 그래서 디자인에 자연과 인간의 관계를 어떻게 설정할 것이냐는 매우 철학적인 주제가 늘 녹아 있다. 집을 나름대로 기능성까지 고려하여 예쁘고 꾸미는데 꼭 실내 인테리어 전문가가 될 필요는 없듯, 자기 집의 마당에 수목과 초화를 배치하고 적당한 오브제를 설치하는데 거창한 전문적인 지식이나 경험이 필요한 것은 아니다. 나만의 정원을 만들어 내는 데는 생동하는 기쁨과 과감한 도전정신이 가장 중요하다. 그런데도 정원 디자인이 필요한 이유는 시행착오를 최소화해야 시간과 비용을 아낄 수 있기 때문이다. 정원의 구성원들인 나무와 초화들은 자라서 확인될 때까지 시간이 필요하고, 재배치하고 싶을 때는 이미 적당한 계절을 넘긴 터라 고치기 위해서는 다음 해를 기약해야 하는 경우가 다반사라는 걸 명심하자.

정원 디자인이 필요한 또 하나의 이유는 정원의 소재들이 살아있는 존재이기 때문이다. 식물들은 객체이자 주체로서 시간과 계절에 따라 자신을 변화시켜간다. 이들은 말이 없는 손님이자 주인으로서 꽤 순응적이고 인내심도 큰 편이지만, 뜻밖의 연약한 구석도 있기에 그 특성을 잘 헤아려 배치하고 격려하지 않으면 안 된다. 따라서 무엇보다도 이들을 배려하는 작업이 필요하다. 같은 식물이라도 토양과 기후에 따라 달리 취급하여야 하므로 정원 디자이너는 경험이 상당히 중요하다. 또한 공간의 효율성을 염두에 둔 풍성하게 조성된 초화 화단과 수목의 식재는 시야의 미를 가장 극대화해준다.

또한 디자인에는 스토리가 있다. 흥미로운 작품에는 의미가 있다. 그리고 그 의미는 스토리의 옷을 입었을 때 가장 재미있다. 아무리 규모가 작더라도 탄탄한 구성을 갖춘 정원에서는 관람객이 나름의 풍성한 의미를 찾는 즐거움이 있지만, 무계획적인 정원은 아무리 크더라도 감흥 없이 스치고 마는 밋밋한 풍경에서 벗어나지 못한다. 훌륭한 정원 디자인을 만들기 위해서는 위에 언급된 다양한 지식과 요소들에 대한 전반적인 이해와 응용할 수 있는 지혜가 필요하다. 그 일련의 과정이 바로 정원디자인이라 할 수 있겠다. 디자인된 정원과 경관을 통해 표현되는 풍경에는 예술, 과학 및 자연이 섞여 있다는 말은 정원 디자인의 필요성을 가장 잘 대변해준다.

3. 정원 스타일 정하기

정원 디자인의 첫 단계는 어떤 스타일의 정원을 만들까 고민하는 것이다. 코티지 정원을 만들 것인지, 간결한 미니멀한 스타일의 정원을 만들 것인지, 전통적인 한국 정원이 좋은지 등 필요와 여건에 맞는 스타일을 정하는 것에서부터 출발한다.

1) 한국 전통정원 (Korean Traditional Garden)

한국 전통정원의 가장 큰 특징은 자연 순응적인 조원이라는 것이다. 이 점에서 일본과 한국의 확연한 인식 차이가 드러난다. 일본 전통정원이 철저하게 인위적인 유사자연을 형상화한 것이라면, 한국의 전통정원은 자연경관을 주로 하고 인공 경관은 종으로 본다. 인간은 자연 위에 군림하는 존재가 아니라 자연과 조화를 이루며 살아가는 존재라는 관념이 정원 조성의 주요한 가치가 된다.

한국 전통정원은 정원과 자연의 경계를 느끼지 못할 정도로 소박한 자연미를 가능한 원형대로 살리면서 주변의 아름다운 풍광들을 정원 내로 끌어들인다. 경치가 아름다운 곳에 정자를 세워 풍광을 즐기는 산수정원이 그러하다. 산세의 흐름, 바위와 수목의 상태 등 산천의 형국을 다듬어서 그중 경관이 좋은 한 대목을 골라 약간의 쉼터를 짓는다. 나무와 돌을 정돈하는 정도로만 꾸몄을 뿐 자연의 질서를 흩트리거나 조작하지 않는다. 시야의 개방성을 강조하여 주변의 경치를 정원으로 끌어오는 '차경(借景)'을 중요하게 여긴다. 창덕궁의 정자에서 알 수 있듯이 한국 전통정원에서는 전망을 극대화하는 정자를 배치하면서도 인공물이 자연의 흐름을 방해하지 않도록 우거진 숲에 보일 듯 말 듯 배치한다.

한국의 정원 역시 각 구성요소의 상징적 의미가 중요하다. 정자의 건축과 현판에도 동양적 우주관이 반영되어 있다. 네모난 형태의 연못은 우주 만물의 운행을 의미하며, 연못에는 떠 있는 연꽃은 삶의 분주함과 조잡함에 물들지 않고 이상을 피우는 군자의 상징이다. 지조나 의리의 상징인 송(松), 지조와 절개의 상징인 죽(竹), 선비의 유교적 윤리관의 매(梅)는 가장 중요하게 인식되는 식물들이다. 이외에도 활엽수를 많이 심어 계절의 변화를 즐기기도 한다. 정원은 일상에서 벗어난 휴식의 장이기도 하며 자아의 존재론적 의미를 각성하는 공간으로 기능하였다.

2) 포멀가든 (Formal Garden)

포멀가든은 대칭성과 무관하게 대체로 기하학적 도형과 직선의 조합으로 이루어져 있다. 정형적인 모양은 정원 전체에 적용할 수도 있고, 때론 한 구역에 제한적으로 만들 수도 있다. 포멀가든은 질서 정연한 느낌을 주며, 특히 대칭 구조일 때 논리적이고 단

창덕궁 애련정

양평 그린망고

정한 인상을 준다. 이탈리아의 전통정원, 이슬람 정원, 프랑스의 베르사유 정원, 빌랑들리의 키친가든, 영국 서리(Surrey)에 있는 햄프턴 코트 팰리스(Hampton Court Palace)에 있는 선큰가든(sunken garden) 등이 포멀가든의 좋은 예이다. 이탈리아의 르네상스 가든과 베르사유의 전통적인 프랑스 포멀가든은 독특하고 강렬한 형태를 강조하기 위해 화려한 패턴 화단과 구조적인 울타리를 지니고 있다.

포멀가든은 대칭축을 중심으로 디자인 요소들을 배열하며 특별한 관망 핵심 포인트를 가지고 있다. 주요 요소들로는 자수정원, 미로정원, 토피어리, 상록 울타리를 꼽을 수 있다. 채워진 공간(mass)과 여백의 공간(void)의 두 요소의 균형을 맞추기 위해 공간의 크기와 모양을 적절히 활용하여 완성도를 높인다. 작은 개인 정원에서 파티오, 텃밭가든, 허브가든을 만들 때 포멀가든의 요소를 유용하게 쓸 수 있다. 포멀가든의 기하학적인 패턴은 대부분 회양목, 주목 등의 상록수로 만들게 된다. 화단에 심을 꽃의 색을 계절이나 해마다 다르게 디자인하면 포멀가든의 엄격한 정형성을 보완하며 매번 새로운 느낌을 제공할 수 있다. 요즘은 컨템포러리 가든에 포멀가든의 요소를 응용하는 경향이 늘어나고 있다.

3) 로맨틱한 코티지 가든 (Romantic Cottage Garden)

타샤 튜더의 정원이 인기를 끌면서 로맨틱 코티지 가든이 우리나라에서도 큰 관심을 받게 되었다. 로맨틱 코티지 가든은 전형적인 영국식 시골 정원 스타일을 말한다. 전통적이고 시골 풍경의 이미지에 어울리게 편안하고 비정형적인 느낌을 준다. 큰 규모의 정원이건, 간소한 시골집의 작은 정원이건 잘 어울리는 스타일이다. 매우 낭만적인 코티지 가든은 자연스러운 곡선적인 느낌이 강하다. 부드러운 파란 카펫 같은 잔디밭에 유연하게 구부러진 오솔길이 화려한 곡선 화단을 따라 흐른다. 채소와 과수가 포함되긴 하지만 화단에는 꽃이 화려한 초화류를 강조한다. 때로는 펜스 너머 시골 들판의 아름다운 풍경까지 정원의 일부처럼 즐길 수 있도록 디자인하기도 한다. 우리 선조들이 일찍이 전망할 곳에 정자 하나 지어 놓고 자연을 통째로 빌

려와 감상하였던 '차경(借景)'의 정서와 같은 맥락이다.

로맨틱 코티지 정원의 소재는 나무, 돌, 자갈처럼 자연적이고 소박한 것 위주로 한다. 정원을 편리하게 감상하기 위해 자연 재료로 만들어진 가제보나 정자를 정원의 한쪽에 배치하기도 하고, 소박하지만 낭만적인 정원 가구나 벤치를 배치해 식재를 보완하기도 한다. 오래된 느낌의 돌담, 나무 울타리와 오래된 화분, 낡은 벤치 등 세월의 흔적이 묻은 오브제들이 로맨틱한 분위기를 더해 준다.

보기와는 달리 이 편안한 스타일의 정원은 의외로 만들기 어렵다. 식물 재배에 대한 원예 지식과 식물의 시각적 배치에 대한 감각이 상당히 섬세하게 필요하기 때문이다. 코티지 정원은 언뜻 어지럽게 정리되지 않은 화단으로 보일 수도 있다. 그러나 자연을 닮은 화단이라 해서 무질서한 식재를 한 것은 절대 아니다. 여름 내내 아름다운 자태를 유지하기 위해서는 디자인부터 관리까지 매우 정성을 기울여야 한다. 코티지 정원에 잘 어울리는 꽃은 덩굴장미, 클레마티스, 데이지, 포피, 디기탈리스(폭스글로브), 캄파눌라, 백합, 작약 등이 있고 채소와 과수를 같이 심기도 한다. 꽃으로 가득한 코티지 가든은 식물 애호가들의 천국이다.

4) 컨템포러리 가든 (Contemporary Garden)

컨템포러리 스타일은 'Contemporary'라는 단어에서 그대로 드러나듯이 우리가 사는 현 시대상을 반영한다는 의미가 있다. 건축 방법 및 양식, 자재, 패션, 제품 및 그래픽 디자인을 포함한 시각 예술, 현대 생활방식과 사상 등에서 최신 조류를 선도하거나 따르는 것을 컨템포러리 스타일이라 하고 흔히 간결한 선과 이국적인 식재, 미니멀리즘 등의 요소를 떠올린다. 그러나 시간이란 늘 흐르는 것이고 오늘이 어제가 되는 만큼 이 유형은 문자 그대로 상당히 유동적이다.

컨템포러리 스타일의 정원은 현대건축의 영향으로 목재, 돌과 같은 전통적인 재료에서 더 나아가 콘크리트, 철재, 유리 등의 새로운 재료를 활용한다. 최근의 모험적이고 흥미로운 인테리어의 영향으로도 정원에도 더 대담한 페인트 색과 독특한 재료, 다양한 식물 식재가 시도되고 있다. 야외 공간에서 더 많은 시간을 보내고자 하는 현대인들의 취향을 고려하여 단순히 식물을 위한 공간으로서의 정원이 아닌 야외 거실로의 정원에도 주안점을 둔다. 따라서 이런 유형에서는 조명과 파티오, 야외 난로와 같이 사람들이 정원에서 보내는 시간을 늘릴 수 있는 도구들의 활용도가 매우 높아지게 된다.

5) 자연주의 스타일 가든 (Naturalistic style Garden)

자연주의 가든은 최근 들어 많은 주목을 받는 식재 스타일이다. 자연주의 가든은 거트루드 지킬의 영국식 초화화단의 개발 이후 역사적으로 새로운 양식의 초화 식재 기법(New perennial movement)이 등장했다고 여겨질 정도로 큰 호응을 얻고 있다.

자연주의 식재는 '자연으로부터 영감을 얻은 식재'이지, '자연에서 발견되는 그대로의 상태'를 의미하는 건 아니다. 이 양식은 영국식 초화화단의 식재보다 정원을 훨

씬 더 자연의 모습에 가깝게 연출하는 것이지만, 자연을 있는 그대로 복제하는 것과는 명백하게 다르다. 마치 산야(山野)에서 흔하게 봤을 법한 느낌이 들 만큼 자연적인 모습을 세심한 식재 조합을 통해 의도적으로 연출한다. 다시 말하자면, 자연으로부터 식재 조합의 스타일이나 색상, 색감 모델을 찾는 방식이다. 그래서 자연의 식생 환경을 잘 연구하는 것이 가장 큰 도움이 된다. 이렇게 자연에서 영감을 얻은 식물의 조합과 식재 디자이너의 세심한 개입으로 균형을 잡아가며 원하는 자연주의 스타일을 만들어 낸다.

자연주의 식재 스타일은 정원의 소재 가운데 다년생 초화에 가장 중점을 두고, 초화와 그라스를 큼지막한 크기로 '모아 심기'하여 색상과 질감의 아름다운 흐름을 연출하는 데 초점을 맞춘다. 다년생 초화와 그라스의 꽃, 잎, 열매의 색상과 질감, 계절적 변화의 과정과 절정의 순간, 땅과 대기 중의 빛이 만들어 내는 하모니는 마치 오케스트라의 연주와도 같다.

초화는 주어진 생태적인 조건에서 자생성이 좋은 종류의 식물을 선택하는 것이 좋다. 식물의 자생성을 고려해야 하는 이유는 초화가 잡초 등과 경쟁해 잘 살아남아야 하기 때문이다. 부지나 토양의 상태를 파악해 그곳에 맞는 식물을 심어 두기만 하고 이후에는 식물 스스로 적응하여 생태적으로 자라도록 내버려 둔다. 그래야 마치 자연적으로 생겨난 꽃밭처럼 자리를 잡는다.

6) 키친 가든 (Kitchen Garden)

웰빙 먹거리가 큰 관심을 얻게 되면서 유기농법으로 키운 먹거리와 직결된 텃밭이 인기다. 보기 위한 꽃들의 정원에서 보기에도 좋고 먹기에도 좋은 자연 정원으로 선호도가 바뀌어 가는 추세다. 이처럼 정원에서 스스로 과일과 야채를 재배한다는 것은 정원의 심미성에서 한 걸음 더 나아간 선택을 한 것이다.

자급자족 유형은 정원의 한 유형이라기보다는 먹거리를 재배하는 것과 관련된 개념이다. 식탁에 음식을 올리기 위해 정원을 활용한다는 것은 정원의 규모와 무관하게 대단히 보람 있고 재미있다. 아무리 작은 정원도 한 가족을 위한 과일과 채소를 재배할 충분한 공간이 될 수 있기 때문이다. 이때, 야채를 키운다고 하여 기능적인 면만 강조할 필요는 없다는 것을 명심하자. 텃밭 정원은 생산적이면서도 충분히 아름다울 수 있다. 정원에 텃밭 코너를 구상할 때는 전체 정원의 디자인 플랜과 함께 기획하여 공간 구상 단계에서부터 신중하게 배치한다. 초화를 심는 것처럼 채소의 다양한 색상, 열매를 활용하여 풍성한 농작물과 초록빛이 아름다운 정원을 만들 수 있다.

7) 어반가든 (Urban Garden)

어반가든은 주어진 위치와 면적이 가지각색이기 때문에 각각 개성이 강하고 스타일도 다양하다. 어반가든에서는 공간에 대한 기존의 관념이 깨진다. 반드시 지면에 정원이 있을 필요가 없고 지붕, 발코니 또는 심지어 윈도 박스에도 작은 정원을 만들 수 있다. 도심 속 정원조성은 공간적 제한이 강하게 작용하지만, 디자인하기에 따라 야외 공간을 해석해보는 것도 흥미로운 도전이다. 정원이 조성될 부지와 건축물과의 관계성을 먼저 설정해보는 것이다. 예를 들어, 실외 공간을 실내 공간의 연장선으로 바라보고, 일종의 야외 거실과도 같은 곳으로 활용해보는 것도 좋다. 야외에서 식사할 수 있는 장소, 파티를 위한 장소, 어린이들이 안전하게 놀 수 있는 장소 등 생활양식에 맞게 적절한 배치와 기능을 부여할 수 있다.

어반가든은 컨츄리 정원의 조성 과정을 축소한 것이라기보다, 야외에 설치된 인테리어를 장식하는 것으로 접근하는 게 역동적 발상에 도움이 된다. 건축물 내외부의 인테리어 스타일과의 연계도 생각해야 하며, 바쁜 도시 생활의 특성상 관리의 편의성도 고려하지 않을 수 없다. 그렇게 되면 자연스럽게 벽, 울타리, 나무와 같은 주변의 구조물 비율, 규모에 식물 종류를 맞추게 된다. 자칫하면 건물 자체의 무게감에 정원이 시각적 힘을 잃을 수도 있기에 강렬한 형태와 색감의 식물을 간결하게 심는다. 또한 도시지역에서는 높은 빌딩과 인공물에서 발생한 더운 공기로 인해 일반적인 기후와는 다른 기후의 특성이 다르게 나타날 수 있으므로 주변 온도 등을 충분히 파악하여야 한다.

4. 정원 디자인의 원칙

가든 디자이너는 잘 작곡된 음악처럼 완벽한 조화가 이루어지도록 정원을 디자인해야 한다. 정원의 여러 부분이 다른 스타일과 모습을 하더라도 전체적인 그림을 그리는 역할에 충실해야 하는 것이 가든 디자이너다. 디자인의 기본 원칙인 통일성과 조화, 균형과 질서, 크기와 배율에 맞는 정원 그리고 단순미 등의 요소를 명심하자.

1) 통일성과 조화

통일성이란 정원의 요소 통일을 말하는 것으로 정원 스타일의 통일, 자재의 통일, 색상의 통일 등 다양한 방법으로 통일감을 달성할 수 있다. 코티지 스타일의 집 주변에는 자연스럽고 세월의 흔적이 느껴지는 파벽돌이나 자연석으로 만든 정원 벽과 파티오, 오솔길이 그려진다. 또한 질서 정연한 형태보다 자연스럽고 로맨틱한 색감의 화단이 잘 어울린다. 반면에 노출콘크리트 기법의 현대 건축물의 정원에는 인공적인 느낌이 많이 나는 철재, 콘크리트, 데크나 유리와 같은 자재가 훨씬 잘 어울리기 마련이다.

정원 전체를 유사한 톤이나 무드의 색감으로 통일한다. 단색 테마로 컬러가 엄격하게 제한될수록 질감의 다양성이 중요해진다. 반대로 넓은 범위의 유사 톤을 활용하면 정원은 더 화려해진다.

단일 요소, 단일 컬러, 단일 테마 디자인에 과도하게 집착하다 보면 공간이 단조로워지고 지루해지기 마련이다. 이를 해결하기 위해서 크기, 색채, 질감 그리고 장식품의 배치에 변화를 준다. 소리가 나는 분수를 설치하여 시선을 유도하고 십자로의 중간에 아름다운 조각상을 두는 등의 공간 분할 방법 등을 생각해볼 수 있다.

2) 균형미와 질서

균형미는 정원의 공간배치가 전체적인 균형을 잃지 않도록 디자인에 질서를 부여하는 방법이다. 한쪽의 공간이 너무 크거나, 나무나 시설물이 한쪽으로 치우쳐 있지 않아야 정서적 편안함과 시각적인 즐거움을 얻을 수 있다. 포멀가든은 게이트의 양쪽에 같은 모양의 장식 화분을 두거나 멋진 벤치를 양쪽에 설치하는 등 대칭적인 요소로 균형을 잡는다. 비대칭 디자인은 조금 더 감각적인 균형감을 요구한다. 물리적 크기가 아니라 시각적 무게감과 높낮이를 미세하게 조정하는 연습이 필요하다. 예를 들어, 정원 한 편이 키 낮은 관목이나 화려한 초화의 화단이라면 반대편은 상록수를 심어 색상과 높이의 균형을 잡는다.

비대칭 레이아웃이나 비정형 스타일의 정원 디자인일 경우, 이차원적인 분할뿐만 아니라 입체적인 공간 계획도 염두에 두어야 한다. 식재 공간, 빌딩, 구조물, 나무 등의 입체 공간과 테라스, 잔디, 자갈, 수공간, 파티오, 오솔길 등의 평면적이고 열린 공간 간의 조화는 아주 중요하다. 공간의 채움과 비움이 조화롭게 배치되어야 답답하지도, 허전하지도 않다. 높이와 무게의 조화도 중요하므로 무릎 아래 높이, 눈높이, 머리 위 높이에 위치하는 볼거리를 적절히 배치한다. 기본 디자인에 대한 충분한 이해가 먼저 이루어져야 파격적인 디자인도 실패하지 않음을 명심하자.

3) 크기와 비율

시설물 등을 포함하여 정원은 사용하기에 불편함이 없을 정도로 적당한 규모로 만들어야 한다. 파티오 역시 사용할 인원수를 고려하여 크기를 정한다. 오솔길은 일반적으로 1~2명이 걸어 다니기에 불편하지 않은 정도의 넓이면 적당한데, 평균적으로 1.2m 정도를 말한다. 산책길은 이보다 좁아도 상관없으나 창고로의 통로로 활용하는 등 특별한 기능이 있는 경우에는 이를 충분히 숙지하여 넓이를 조정한다. 파고라나 아치의 높이는 머리가 부딪치지 않도록 하는 것이 중요하지만, 종종 너무 높게 만들어 다른 공간과 불균형을 이루는 경우를 본다. 수치적인 규모에 집착하기보다는 전반적인 공간 분할과 조화를 생각하자.

정원은 천정이 없는 외부 공간이기 때문에 각 요소의 크기를 가늠할 시각적 기준이 필요하다. 각 요소 간의 크기를 고려하지 않은 채 배치하다 보면, 너무 헐렁한 옷을 입거나 너무 작은 옷을 입은 듯한 부자연스러움을 느끼게 된다. 따라서 먼저 정원과 건물, 정원과 주변 경관, 정원과 이용자들의 관계를 빠짐없이 고려하여 미리 스케치나 모델링을 만들어 시행착오를 줄이자.

4) 단순미

좋은 디자인은 간결하다. 한 번에 여러 목소리가 들리면 혼란스럽기 마련이다. 정원 디자인 역시 핵심이 명확하게 드러나는 것이 보기에도 좋다. 그러나 초보 디자이너 또는 취미로 즐기는 분들이 범하기 쉬운 실수가 바로 과욕에서 비롯된다. 본디 갖고 싶은 걸 모으기는 쉽지만 버리기는 어려운 법이다. 그러다 보면 본래의 콘셉트를 잃고, 손을 댈수록 정리가 되지 않고 조잡한 공간이 되어 버린다. 이를 피하기 위해서는 디자인 과정 중에 제삼자의 목소리를 들어보자. 객관성을 유지할 필요가 있다. 기억하라. 간결할수록 이해하기 쉽고 강한 메시지가 될 수 있다.

5. 정원 부지 조사와 분석하기

1) 조사할 대상 항목

디자인할 정원의 현장 상태를 정확하게 파악하는 건 두말할 필요 없이 중요하다. 현장 조사에 들어가기 전에 필요한 도구들을 빠짐없이 챙기자. 특히 정원 디자이너로서 정식으로 의뢰를 받았다면 이중의 수고를 덜기 위해서라도 꼼꼼한 도구 준비는 필수다. 일반적으로 준비해야 할 도구로는 카메라, 토양 조사 세트, 줄자, 전지가위, 모종삽, 메모 노트, 펜 등을 들 수 있다.

현장 조사는 "존재하는 모든 것은 가치가 있다."는 생각으로 임한다. 전체적인 주변 경관과 토지의 형상, 출입구에 관한 개관부터 시작하여 대상지를 부분적으로 나눠 꼼꼼히 진행한다. 모든 결과는 정확하고 분명하게 기록한다. 현장을 둘러보며 떠오른 특별한 분위기나 영감도 적어두면 디자인 시에 반영할 수 있는 유용한 소재가 된다. 사진을 찍을 때는 부지의 어느 부분인지 표시하고, 가급적이면 일정한 순서를 정하여 차례로 찍어 놓으면 좋다. 부지가 크거나 조사 내용이 방대할 경우에도 추후 작업에 혼란이 없게 하기 위해서다. 제거해야 할 나무, 없애야 할 돌멩이라 할지라도 상세히 남기도록 한다.

현장 조사가 끝났으면 조사내용을 분석한다. 새롭게 떠오르는 아이디어 등을 간단히 덧붙여 기록한다. 한눈에 볼 수 있도록 정원의 부지를 대략 그리고 현 상태나 간단한 의견을 쓴 분석도를 만든다. 정원 인프라도 수정할 요소가 있는지 확인해야 한다. 담장을 신축해야 하는지, 원하는 초화 식재를 위해 토질을 개선해야 하는지, 그리고 정원 중간마다 센 바람을 차단할 장치의 여부 등을 따진 후 나름의 생각을 적어 놓는다. 이미 다듬어져 있는 정원을 꾸미는 것이라면, 기존 나무나 시설물을 계속 사용할지의 여부도 포함해서 분석하자.

정원의 흙은 산성인가, 알칼리성인가? 흙의 종류는 (사질토, 진흙 등) 무엇인지? 정원의 해가 잘 드는 곳은 어디인가? 그늘진 곳은 어디인가? 연중 기온은 어떤가? 최저 기온은? 서리가 오는 시기는(서리 시작과 마지막 날) 언제인가? 여름에 집중호우 시에 문제는 없는가? 정원에 배수는 잘 되는가? 토양의 영양 상태는 어떠한가? 바람의 세기는 어떤가? 주변의 풍경은 좋은가? 부지의 경사도는 어떤가? 지하에 매설된 것은 없는가? 법률적으로 용도의 제한은 없는가? 이 외 필요한 요소들을 자세히 조사하고 기록한다.

6. 정원 디자인 브리프 만들기

1) 희망 사항 파악하기

흥미롭게도 집안을 꾸밀 때와 마찬가지로 정원을 꾸밀 때도 각자의 개성과 생각이 고스란히 묻어난다. 따라서 정원의 소유주가 그것이 자신이든 의뢰인이든 어떤 무드의 정원을 원하는지를 최우선으로 파악해야 한다. 정원 디자인도 결국 개인의 취향과 의견에 따라 독특한 분위기를 가지게 되기 때문이다.
먼저, 만들고자 하는 정원에 대한 브레인스토밍 내용을 정리한다. 처음부터 체계적이지 않아도 된다. 나중에 더욱 구체적으로 정리할 것이므로 예산이나 여건을 고려하지 말고 떠오르는 대로 기록한다. 생각이 잘 떠오르지 않는다면 나름의 질문 리스트를 만들어 답하는 것도 효율적인 방법이다. 그런 후에는 이렇게 만들어 놓은 항목들을 분류한다. 항목 분류의 기준은 필요의 정도로 보통 다음과 같은 세 단계로 나눈다. 이렇게 분류해 두면 나중에 예산 문제를 조정할 시에 선택과 집중이 용이하다.

01. 기능적인 면에서 반드시 필요한 필수사항이란 가장 우선순위가 높은 항목으로서 예컨대, 집이나 창고로 드나드는 길, 주차 공간, 어린이가 있는 경우 필요한 안전장치 등 가족들의 일상 속 필수 조건들을 말한다.
02. 꼭 만들고 싶은 중요사항은 가족 구성원들이 각자 갖기 원하는 사항들이다. 화려한 꽃밭, 정자, 채소밭, 온실, 연못, 그늘을 위한 파고라 등과 같은 시설이나 가구, 장소 등이 해당한다.
03. 마지막으로 있으면 좋으나 예산에 따라 생략이 가능한 기대사항에는 가든의 스타일이나 분위기를 북돋우어 줄 조각품 내지 장식물이 들어갈 수 있을 것이다.

7. 디자인 이미지 보드 만들기

기획하는 테마를 표현할 다양한 이미지나 자료들을 모아 디자인의 영감의 원천을 설명하면 보다 강한 설득력이 있게 된다. 아이디어가 떠올랐던 사물, 공간, 컬러 테마, 장식품 등 다양한 이미지를 스케치북이나 보드에 모아 붙여둔다. 그중에서 최종적으로 결정될 디자인의 컨셉을 표현할 자료만을 모아 디자인 이미지 보드를 만들면 원하는 정원의 모습을 한눈에 체크할 수 있다.

이미지 보드

8. 정원의 공간 디자인하기

1) 정원 구성요소 배치하기

01. 정원의 디자인 브리프와 부지 분석표를 옆에 준비해 둔다. 도면 위에 원하는 요소들의 개략적인 위치를 정한다.
02. 위치를 정할 때는 기능과 환경요건을 고려한다. 이웃하는 구역과의 조화도 고려한다. 예를 들어, 파티오는 집 주변에 배치하여 부엌과의 거리가 너무 멀지 않게 하고, 채소밭은 햇볕이 잘 드는 곳에 두는 것이 좋다.
03. 구역의 크기와 모양을 다양하게 계획하면 작은 정원도 호기심을 불러일으키도록 디자인할 수 있다.
04. 공간의 기능을 모양이나 형태보다 먼저 고려한다. 이후에 심미성을 가미하여 불편하지 않으면서도 아름다운 정원이 되도록 한다.
05. 공간배치는 용도에 맞게 크기를 적절하게 배치하고 동선은 화살 표시로 한다.
06. 동선은 필수 동선과 보조 동선으로 나눌 수 있다. 필수 동선으로는 정원이나 집, 창고, 주차장으로 드나드는 길이 있고, 보조 동선은 산책로나 휴식 또는 장식을 위한 접근로를 말한다.
07. 시선을 끄는 장식품의 배치도 아주 중요하다. 수형이 아름다운 나무, 조각상, 물소리가 잔잔하게 들려오는 장식 분수 및 화분을 정원의 곳곳에 배치하면 산책하는 즐거움이 배가 된다.

2) 정원의 공간 디자인하기

정원을 구상할 때 가장 막연한 작업 중 하나는 공간의 기본 구역을 어떻게 나눌지 정하는 것이다. 그러나 이 작업은 피할 수 없다. 공간의 선(line)은 디자인의 분위기를 분명하게 나타낼 수 있어야 한다. 기본적인 선과 패턴은 식재나 잔디, 길 등으로 구역을 나누는 경계선을 따라 이뤄진다.

선의 기본은 직선, 곡선 및 원의 세 가지이다. 정원의 분위기는 선의 주제에 따라, 즉, 원, 직선, 곡선마다 사뭇 달라진다. 어떤 선을 사용하느냐에 따라 실제 공간보다 넓거나 좁게, 때론 짧거나 길어 보이도록 연출할 수 있다. 좋은 디자인이란 공간의 물리적 제한을 넘어 체험적인 공간을 제공한다. 예를 들어, 좁고 긴 공간은 어딘가 답답하고 불안한 느낌을 준다. 이를 시각적으로 옆으로 확장하는 동시에 깊이를 단축해 아늑한 곳으로 만드는 것이 디자이너의 역할이다.

직선으로 디자인한 정원은 정형화되고 인공적인 분위기의 직선 정원으로 가장 보편적으로 사용되는 디자인이다. 공간 효율성이 좋아 선호도가 높다. 하지만 자칫 정형화된 스타일에서 정체된 느낌을 강하게 받을 수 있다. 이때는 직선의 각도를 다양화하여 역동적인 분위기를 가미하여 경직된 분위기를 완화한다. 예를 들어, 60도와 45도의 사선을 혼합하여 공간의 축을 확장해 사뭇 동적인 느낌을 더하는 것이다. 그러나 다양한 크기의 사각형이나 사선을 활용할 때는 조형 요소 간의 관계가 논리적으로 연결되어야 하는 점을 반드시 유의한다. 원이나 곡선을 활용할 때도 이러한 디자인의 원칙은 동일하게 적용된다.

원으로 디자인한 정원은 가장 강렬한 느낌을 줄 수 있는 기법의 하나다. 정원의 전체 선 테마로 원을 선택하면 직선 디자인의 정돈되고 인공적인 느낌과 곡선의 강렬하고 자유로운 느낌을 동시에 활용할 수 있다. 만약 전체가 아닌 부분적인 테마로 원을 넣으면 정원의 시각적 포인트 장소가 된다. 특히 비교적 규모가 작은 부지에 원 테마를 적용하면 넓어 보이면서도 모던한 정원을 디자인하기 좋다. 온전한 원이 아니더라도 다양한 크기의 반원이나 부채꼴을 조합하면 무궁무진한 연출이 가능하다.

직선보다 자유로운 느낌을 주고 싶을 때는 곡선을 이용한 비정형화된 정원을 차용한다. 편안한 산책로, 부드러운 분위기, 자연의 선과 가장 가까운 곡선은 큰 규모의 풍경식 정원이나 코티지 정원에서 많이 보이며, 우리의 전통정원을 포함한 동양의 정원도 당연히 이에 속한다. 하지만 곡선 디자인은 선을 이용한 디자인 중 가장 까다롭다. '자연스러움'이란 굉장히 주관적인 경험이기에 자칫 '자연스러움'을 표방한 조잡하고 완성도가 떨어지는 디자인이 되기 쉽다. 점차 대담하게 곡선을 사용하는 용기를 배워보자.

9. 정원의 식재 디자인하기

1) 식재 디자인 도면 그리기

식재 디자인 도면은 디자인한 식물의 위치, 크기, 수량, 이름, 식재 스타일과 같은 식재 계획과 연관된 모든 내용이 들어 있는 식물의 배치 계획을 자세하게 그린 것을 말한다. 복잡하여 도면에 표기가 어려우면 별도로 식물목록을 작성하기도 한다. 식재 디자인 도면에는 계획한 내용이 포함되어 있어야 한다.

01. 화단의 실루엣 스케치하기

식재 디자인 도면 작업 중 입면도를 그리는 것은 아주 중요하다. 다양한 식물의 형태를 센스 있게 조합하는 것이 바로 식재 디자인이기 때문에 식물의 형태는 중요한 요소가 된다. 구체적으로 식물을 조합하고 배치하기 전에 화단의 입체적인 식물의 실루엣을 먼저 계획하여 조합을 완성한 후, 식물을 배치하면 편리하다.

먼저 식물의 형태와 질감을 고려한 개략적인 스케치를 해본 후, 이러한 조합에 맞는 식물을 고른다. 스케치하는 방법은 각 화단의 식재 디자인에서 전체적인 구도나 식물의 형태나 질감의 느낌을 예측할 수 있도록 간단한 입면도를 그려서 살펴본다. 식물을 구체적으로 그리지 않고 형태나 질감 그리고 전체적인 구도를 알아볼 수 있을 정도로 그린다. 겨울 정원의 요소는 있는지, 화단 전경에서 포인트가 되는 식물은 어디에 둘 것이지, 형태와 질감은 어떻게 조합하여 배치할 것인지를 고려하여 아래 그림에서 보는 것과 같이 형태의 조합을 보여주는 입면도를 그린다. 그리고 각 형태의 그림 안쪽 빈 곳에 원하는 형태나 질감, 느낌, 역할을 적어 넣는다. 그 다음 책이나 카탈로그 등 여러 참고자료를 보고 각 부분에 적은 대로 적절한 식물을 찾아서 후보가 되는 식물 이름을 여러 개 적은 후 그중 가장 적합한 것을 선택하고 식물의 특징을 간단히 기록한다. 스케치한 후 이를 바탕으로 평면도를 만든다.

정원 식재 디자인 스케치

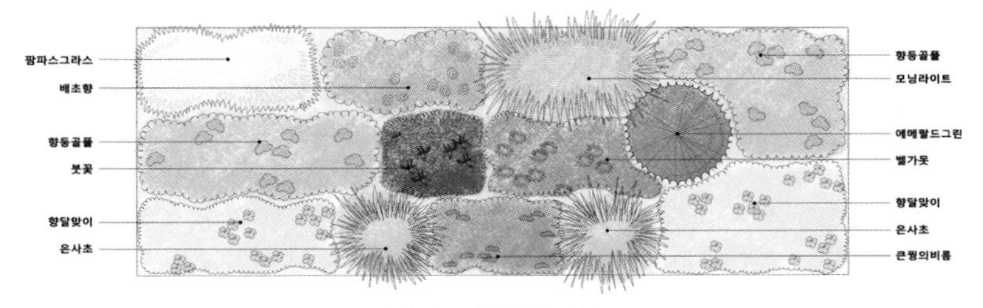

초화배치 도면, 인출선

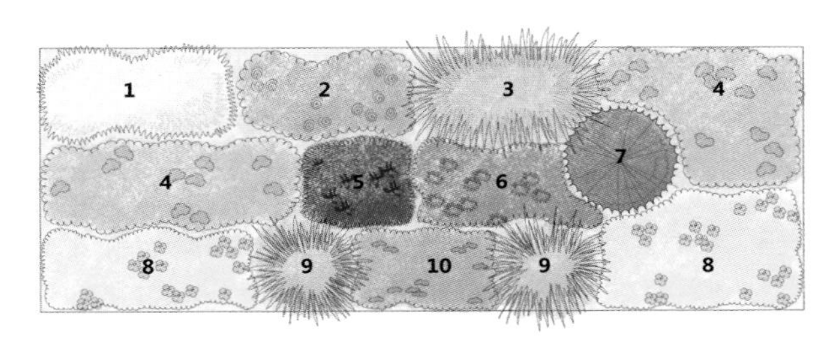

1 팜파스그라스
2 배초향
3 모닝라이트
4 향등골풀
5 붓꽃
6 벨가못
7 에메랄드그린
8 향달맞이
9 은사초
10 큰꿩의비름

초화배치 도면, 번호 매기기

02. 화단의 평면 식재 계획도 그리기

입면도 스케치로 입체적인 화단 구성과 대략적인 배치를 했다면 이제 각 식물을 어느 정도 면적에 얼마만큼 심을지 평면적으로 식재 면적을 표시하는 평면도를 그린다. 입면도의 배치와 맞도록 해당 식물을 심는 구역을 그려 넣고 이름을 적어 넣는다. 스케일 자로 재어 가면서 식물에 맞는 면적을 정하고 구역을 그린다. 여러 번 살펴보고 수정한 후, 전체적으로 살펴보고 식물의 배치에 만족한다면 최종 식재 디자인 평면도를 그린다. 큰 관목이나 교목은 원하는 크기에 따라서 간격을 두고 배치한다. 정원을 시공하는 단계에서는 식재 디자인 도면에 따라 화단에 표시하여 식물을 배치한 후 심으면 된다.

03. 화단 상세 스케치하기

이제 형태로만 그려 놓은 입면도를 각 식물이 결정된 목록대로 특징을 잘 드러낼 수 있도록 자세하게 스케치한다. 스케치는 한 계절보다는 연중 몇 개의 시점을 정하여 자세하게 하면 더욱 좋다. 일반적으로 봄 정원(5월), 여름 정원(7월), 가을 정원(10월), 겨울 정원(12월)으로 나누어 스케치한다. 한 계절만 스케치할 때는 우리나라의 경우 일년생이나 다년생, 교목, 관목 모두 무성하게 자라는 6~7월의 여름 정원을 그리는 것이 가장 화려하다.

04. 식물의 식재 수량 산출하기

식재 식물의 수량을 산출하는 기준은 초화와 관목의 경우 단위 면적에 일정 규격의 식물을 몇 개 심어야 하는지에 대한 기준이 있어야 한다. 그 기준의 산출은 각 식물의 크기에 달려 있다. 식재하는 식물이 가장 최대의 크기로 자라는 폭이 얼마인지에 따라 식물의 배치 간격이 정해진다. 그 크기는 식물 사전이나 식물을 판매하는 회사들의 카탈로그에 표기된 것을 참고하면 좋다. 식재 시에는 모종이나 묘목의 상태로 식재하기 때문에 최종적인 성숙한 식물의 크기를 기준으로 식물의 배치 간격이 정해지는데 일반적으로 초화는 빠른 시일 내에 자라 성숙한 화단을 형성하기 때문에 식재 후 2년 정도 지난 후의 상태를 기준으로 하면 좋고, 관목은 식재 후 3년 정도 지난 시점을 기준으로 하면 좋다. 기후나 토양의 여건에 따라서 예상한 크기보다 더 클 수도 있고 그렇지 않을 수도 있지만, 일반적으로 식재 후 2~3년 후를 정원의 성숙기로 보기 때문이다. 그러나 더 빨리 성숙한 정원을 조성하기를 바란다면 밀도를 더 촘촘하게 하고 더 성숙한 식물을 배치하면 시공 후 바로 성숙한 효과를 느낄 수 있다.

05. 화단의 식재목록표 만들기

식재도면에 표시된 식물을 정리한 식재목록표를 만들면 식재 디자인의 내용을 한

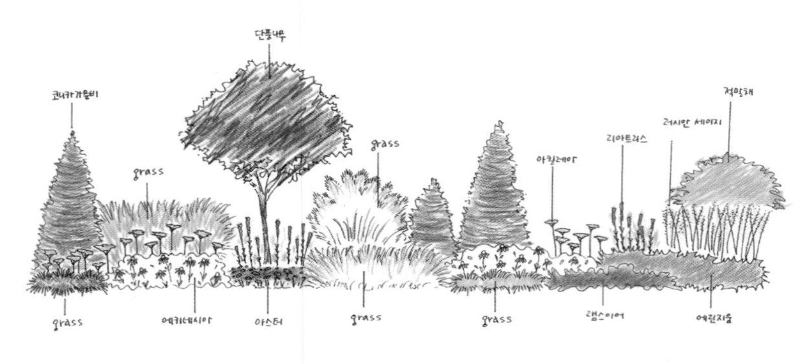

화단의 실루엣 스케치

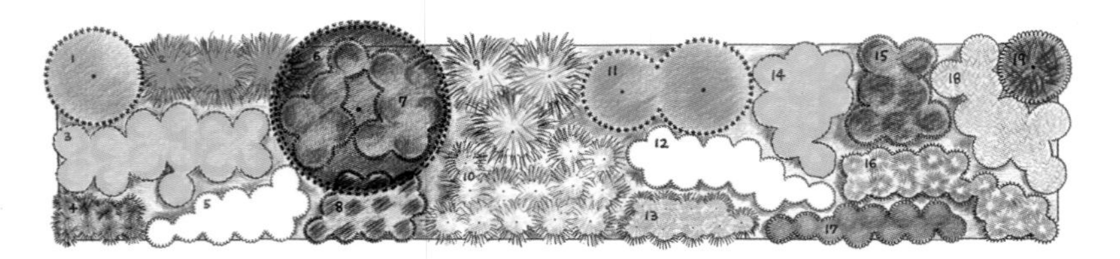

화단의 식재 계획도

화단의 상세 스케치

식재 위치	식물명	학명	규격	수량	개화시기 및 색상											
					3	4	5	6	7	8	9	10	11	12	1	2
1	코니카가문비	Picea glauca 'Conica'	H3.0	1												
2	참억새 '제브리누스'	Miscanthus sinesis 'Zebrinus'	8"pot	3												
3	아킬레아 '골드플레이트'	Achillea millefolium L	6"pot	13												
4	가는잎그늘사초 '엘리자블루'	Festuca glauca 'Elijah Blue'	4"pot	9												
5	에키네시아 (화이트)	Echinacea purpurea	4"pot	11												
6	홍단풍나무	Acer palamatum	H4.0	1												
7	리아트리스 (보라)	Liatris spicata (L.) Willd	6"pot	11												
8	아스타 '킹조지'	Aster amellus 'King George'	4"pot	11												
9	핑크 팜파스그라스	Cortaderia wellona 'Rosea'	8"pot	3												
10	핑크뮬리	Muhlenvergia capillaris	6"pot	13												
11	코니카가문비	Picea glauca 'Conica'	H3.0	2												
12	에키네시아 (화이트)	Echinacea purpurea	4"pot	13												
13	오시멘시스 사초	Carex oshimensis 'Evergold'	4"pot	9												
14	아킬레아 '골드플레이트'	Achillea millefolium L	6"pot	9												
15	리아트리스 (보라)	Liatris spicata (L.) Willd	6"pot	7												
16	에린지움	Eryngium bourgatii	4"pot	17												
17	램스이어	Stachs byzantina K.Koch	4"pot	11												
18	러시안세이지	Perovskia 'Blue Spire'	6"pot	9												
19	말채	Cornus alba 'Sibirica'	H1.5	1												

화단의 식재 목록표
(작성자: 아이디얼가든 졸업생, 김연희)

눈에 볼 수 있다. 식재목록표는 식재의 위치, 식물명, 키, 넓이, 생육 습성, 화기, 식재할 때 필요한 식물의 규격과 수량, 비고의 항목으로 나누어 표를 만든다.
'식재의 위치' 항목은 식재도면에 표시한 번호를 표기하고, '식물명' 란에 그 번호에 해당하는 식물의 이름을 적는다. 식물의 이름은 정확한 표시를 위해 학명과 일반적인 명칭 두 가지를 병기하는 것이 좋다. 묘목이나 초화 시장에서는 학명이 아닌 다른 이름으로 불리는 경우가 많기 때문이다. 따라서 구입한 식물의 이름을 꼭 확인하고 최대한 정확한 이름을 명기하되, 비고란에는 일반적인 명칭도 함께 기재하여 현장 작업자들이 혼동하지 않도록 한다.
이때 식물의 키와 넓이, 생육 습성은 식물 사전을 보며 정확하게 기록하는 것을 잊지 말아야 한다. 개화기를 표시할 때는 3월부터 12월까지 시기를 나눈 후에 꽃이나 잎의 색을 칠한다. 상록 식물은 연중 초록색으로 표시하고, 잎이 아름다운 식물은 개화기뿐만 아니라 잎의 색도 표시해 준다. 비고란에는 대체 식물이나 보충 식재가 필요한 시기, 특별한 주의 사항 등을 적는다. 식재 작업을 할 때, 식재 도면과 식재목록표를 번갈아 보며 확인하면 편리하다. 식재목록 표에는 식재가 어느 한 계절에 치우치지는 않았는지, 색상 계획은 제대로 되었는지, 상록수의 비율이 적당한지, 식재 수량과 식재 계획 전반에 대한 내용을 포함하고 있어서 식재 계획에 있어서 필수적으로 작성해야 한다.

2) 테마에 맞는 식재 디자인하기-로맨틱 색상 테마

분홍색, 블루색, 보라색 계열의 조합은 선택할 수 있는 식물의 종류가 많아서 어렵지 않게 화단을 만들 수 있다. 여름에 꽃이 피는 식물 중 이런 색상이 많아서 이 조합은 여름 화단으로 제격이다. 낭만적이고 화사하며 부드럽고 포근한 느낌을 준다. 파스텔 톤 색상의 식물을 가미하면 더 풍성한 색감을 보여줄 수 있다. 요즘 가장 선호하는 테마이기도 하다. 은색의 잎을 가진 식물과 흰색 무늬 그라스류, 푸른빛이 도는 그라스류와 함께 조합하면 멋진 화단이 된다.
위 화단에서는 진한 분홍색의 장미꽃 모양의 꽃이 피는 겹벚꽃나무를 식재하고 이를 보조하는 나무로는 향기가 좋아서 벌과 나비가 좋아하는 부들레야가 제격이다. 화단의 뒤편에는 질감을 위해 팜파스 그라스를 리듬감 있게 배치하고, 이른 봄 잎이 나기 전에 줄기에 짙은 쌀알처럼 달려 꽃이 피는 박태기나무를 심었는데, 이 꽃들이 질 무렵 그 바통을 이어받을 식물로 진한 향기를 뿜내는 라일락을 골랐다. 라일락이 지면 미스김라일락이 작지만 강한 향기로 정원을 채워 준다. 이스라지도 4월이면 연분홍 꽃을 피우고 새빨간 작은 열매를 달고 깊어 가는 봄을 맞이할 것이다. 장미 중에 향기가 으뜸인 해당화는 여름을 빛내 줄 것이며, 전지를 자주 해 주면 새순에서 연속하여 꽃이 피는 병꽃나무도 여름 화단을 채울 것이다. 겹벚꽃나무 아래에는 그늘을 좋아하고 푸른색 꽃이 아름다운 산수국을 심으면 더운 여름에 청량한 느낌을 얻는 데 도움이 된다. 초화는 이른 봄에는 금낭화, 하늘매발톱, 무늬 염주 그라스가 타임, 꼬리풀, 붓꽃들의 새싹이 돋아나는 틈에서 살짝 피어나도록 심는다. 초여름과 여름의 정원을 꽃으로 채울 주인공들은 플록스, 노루오줌, 디기탈리스, 우단동자꽃, 독일붓꽃, 부채붓꽃, 보라 꽃창포, 에키네시아, 작약, 분홍달맞이꽃이다. 비

비추는 아름다운 잎을 뽐내며 다른 꽃들이 피고 지는 것을 지켜볼 것이다. 배초향, 추명국, 향등골풀, 구절초, 청화쑥부쟁이, 아스타, 에키놉스가 가을에도 화사함을 잃지 않도록 해 준다. 이렇게 어느 계절에나 화사한 화단이 되도록 시도해 보아도 좋을 것이다.

식재 스케치 (디자인: 정원 디자이너 임춘화)

CHAPTER 2

카페조경 사례

최근 카페의 흐름은 대형화·고급화·차별화가 대세를 이루며 먹고 마시는 기능 외에도 볼거리와 즐길거리가 풍부해진 것이 특징이다. 컬러별로 테마를 정한 유럽식 정원, 대형 유리온실의 식물원 카페, 일출과 일몰의 차경이 아름다운 정원, 물과 빛, 소리가 공존하는 힐링 정원, 신비스럽고 비밀스러운 숲 속 정원, 문화와 삶이 있는 자연미인을 닮은 정원, 자연 속 전통과 현대의 절묘한 조화를 끌어낸 '우리들의 정원' 등 자연을 매개로 통합적이고 감각적인 공간개념으로 개성을 살린 다양한 분위기의 카페조경 19곳을 도면과 함께 소개한다.

HEIMA.

노출콘크리트 벽체를 배경으로 사간의 조형소나무와 벤치를 간결하게 배치하여 공간미가 느껴지는 여유 있는 휴식공간이다.

01 650 ㎡ 197 py

대구 헤이마

콘크리트 현대건축과 절제된 식재의 조화로움

위 치	대구광역시 동구 파계로 583
조 경 면 적	650㎡(197py)
조경설계·시공	(주)대길건설
취 재 협 조	헤이마 카페 T.053-986-7773

팔공산에 '헤이마'라는 카페 명소가 있다. 제 기능을 잃고 오랜 기간 방치했던 식당을 '재생건축 프로젝트'라는 신선한 아이디어를 통해 공간에 개성을 불어넣은 카페다. 카페 입구 창에 '마음이 쉬는 공간은 시간을 잊게 합니다. 헤이마는 자연을 다른 해석으로 가져온 집의 풍경입니다.'란 글귀로 보아 인간을 중심으로 자연과 모던함의 공존이 헤이마가 추구하는 아이덴티티임이 확연해졌다. 헤이마의 외관 디자인은 건물 자체에 여러 컬러를 담아내기보다는 투박하고 심플한 건물이 도화지가 되어 파란 하늘과 푸른 잔디, 식재된 나무들을 그려내듯 연출하였다. 유니크한 형태로 일종의 오브제와 같은 분재형 나무들은 건축주가 직접 배치하고 심었는데, 수십 그루의 나무 가운데 눈에 띄는 것이 향나무와 느티나무, 소나무다. 높이 4.3m, 둘레 3m나 되는 향나무는 수령이 무려 500년이 넘는다. "공주 수몰 지역에서 가져왔는데, 나무를 보자마자 느낌이 왔다. 처음에는 가격이 비싸 고민했지만, 꿈속에서도 향나무가 어른거려 8번이나 보고 나서 결국 구입했다."라고 주인장이 털어놓았다. 높고 넓은 벽체를 지나다 보면 공간적인 거리를 두고 또 다른 수목과 조경으로 연결된다. 카페 안 동쪽 통유리창 너머 헤이마포인트로 가는 산책로에는 사간의 조형소나무와 현대적인 노출콘크리트가 조화롭게 배치되어 있다. 콘크리트로 둘러싸인 공간에는 배롱나무 한 그루를 심어 세련된 간결미를 강조한 포토존이 있다. 수백 년 된 향나무와 분재 소나무를 비롯하여 모과나무, 자작나무 등으로 둘러싸인 헤이마는 외부 조경뿐만 아니라, 실내조경, 옥상조경, 자작나무 군락 등을 조화롭게 연출하여 현대건축에 자연의 아름다움을 실어 누구나 시간을 잊고 마음을 쉬게 하는 곳이다.

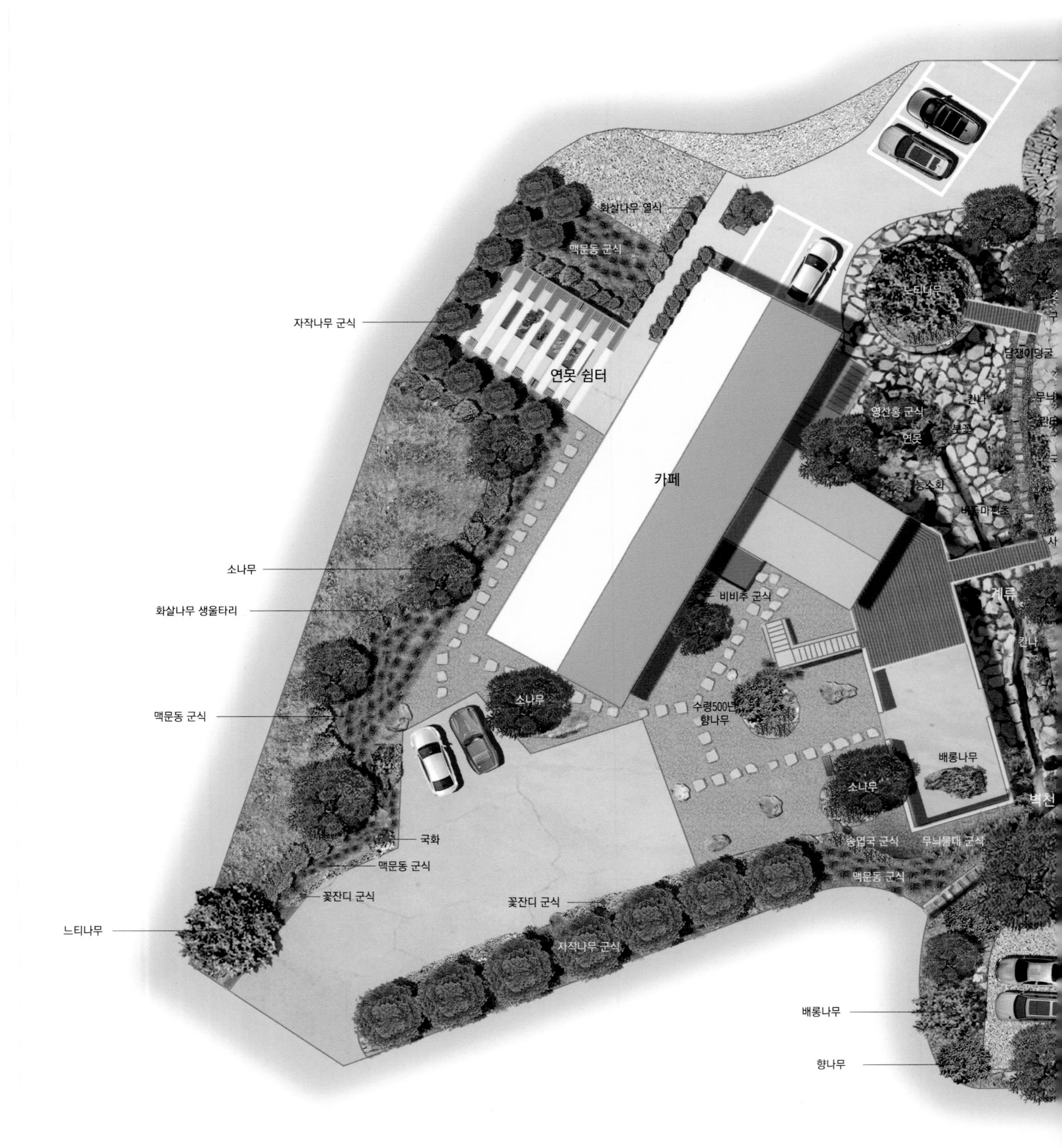
화살나무 열식
맥문동 군식
자작나무 군식
연못 쉼터
느티나무
담쟁이덩굴
칸나
영산홍 군식
연못
붓꽃
카페
능소화
비비추 군식
계류
소나무
화살나무 생울타리
칸나
소나무
수령500년 향나무
맥문동 군식
배롱나무
소나무
벽천
국화
맥문동 군식
송엽국 군식
무늬물대 군식
맥문동 군식
꽃잔디 군식
꽃잔디 군식
느티나무
자작나무 군식
배롱나무
향나무

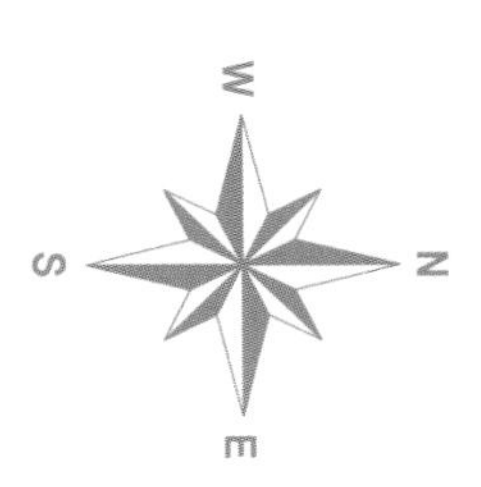
W
S
N
E

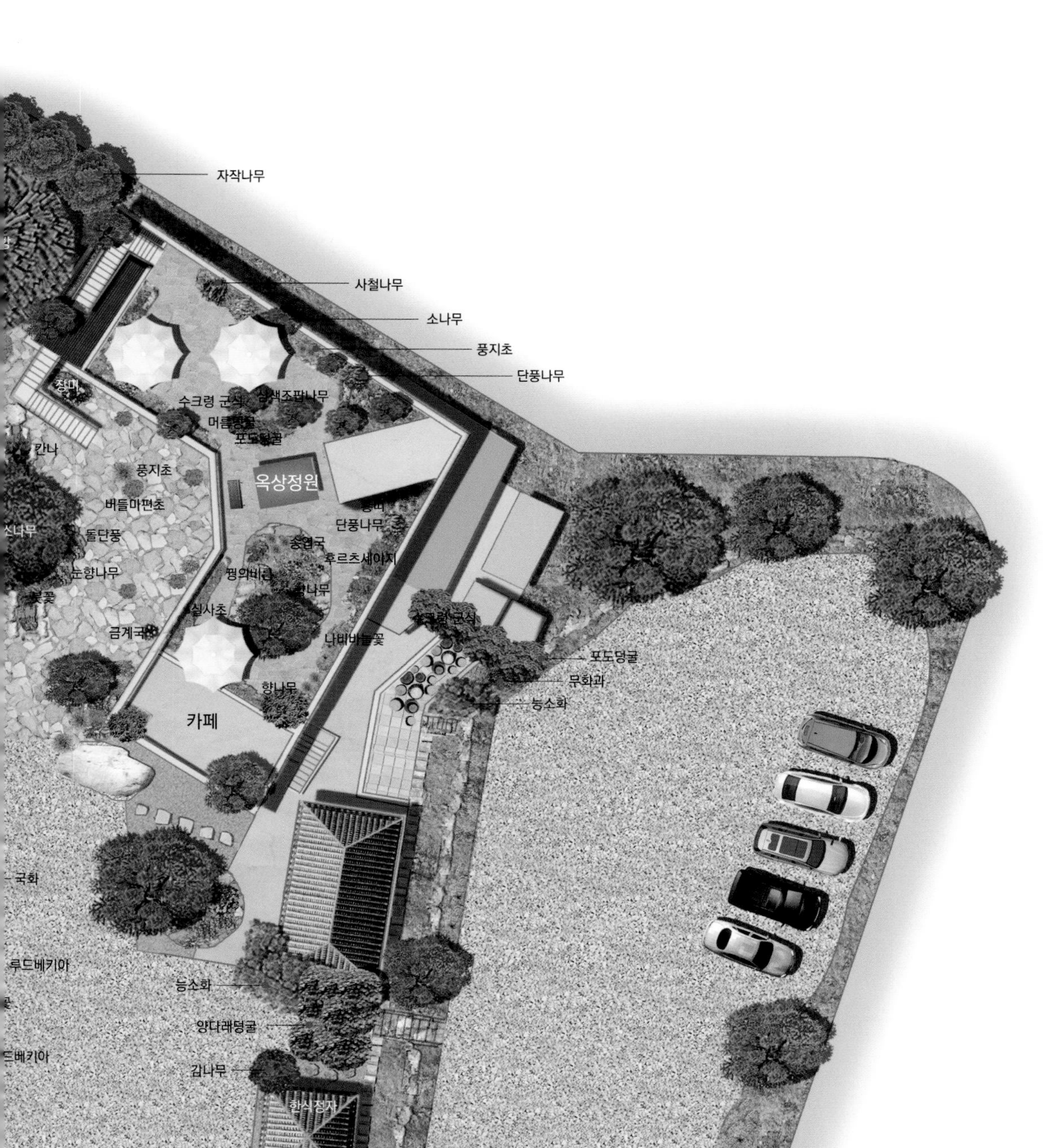
자작나무
사철나무
소나무
풍지초
단풍나무
옥상정원
카페
포도덩굴
무화과
능소화
능소화
양다래덩굴
감나무
모과나무
감나무
붓꽃
연못
풍지초
버들마편초
돌단풍
금계국
국화
루드베키아

주요 나무와 야생화 MAJOR TREE & WILD FLOWER

구절초 여름~가을, 9~11월, 흰색 등
9개의 마디가 있고 음력 9월 9일에 채취하면 약효가 가장 좋다는 데서 구절초라는 이름이 생겼다.

국화 봄~가을, 5~10월, 노란색·흰색 등
다년초로 줄기 밑 부분이 목질화하며 잎은 어긋나고 깃꼴로 갈라진다. 매, 죽, 난과 더불어 사군자의 하나다.

란타나 봄~가을, 5~10월, 노란색·흰색 등
시간이 지남에 따라 꽃이 7가지 색으로 변하여 '칠변화'라 부르기도 한다.

루드베키아 여름, 6~8월, 노란색
북아메리카 원산으로 여름철 화단용으로 화단이나 길가에 관상용으로 심어 기르는 한해 또는 여러해살이풀이다.

능소화 여름, 7~9월, 주황색
옛날에는 능소화를 양반집 마당에만 심을 수 있었다 하여 '양반꽃'이라고 부르기도 한다.

맥문동 여름, 6~8월, 자주색
꽃이 아름다운 지피류로 그늘진 음지에서 잘 자라 최근에 하부식재로 많이 사용하고 있다.

모과나무 봄, 5월, 분홍색
울퉁불퉁하게 생긴 타원형 열매는 9월에 황색으로 익으며 향기가 좋고 신맛이 강하다.

배롱나무/백일홍/간지럼나무 여름, 7~9월, 붉은색 등
백일홍나무 또는 나무껍질을 손으로 긁으면 잎이 움직인다고 하여 간지럼나무라고도 한다.

버들마편초 여름~가을, 6~10월, 보라색
숙근을 가진 여러해살이 다년초로 작은 꽃이 길고 가느다란 꽃대 위에 모여 달린다.

붓꽃 봄~여름, 5~6월, 자주색 등
약간 습한 풀밭이나 건조한 곳에서 자란다. 꽃봉오리의 모습이 붓과 닮아서 '붓꽃'이라 한다.

사계국화 봄, 4~5월, 연보라·분홍색
호주가 원산지이고 국화과의 여러해살이풀로 사계절 쉼없이 핀다해서 사계국화라 한다.

소나무 봄, 5월, 노란색·자주색
항상 푸른 솔의 나무로 바늘잎은 2개씩 뭉쳐나고 2년이 지나면 밑 부분의 바늘잎이 떨어진다.

자작나무 봄, 4~5월, 노란색
팔만대장경을 만든 나무로 하얀 나무껍질이 아름다워 숲속의 귀족이란 별명이 붙어 있다.

칸나 여름~가을, 6~10월, 붉은색·흰색 등
한국에서 원예용으로 주로 재배하는 칸나는 인도와 아프리카가 원산지인 여러해살이풀이다.

풍지초 가을, 9월, 흰색
30~50㎝ 크기의 여러해살이풀로 작은 바람에도 흔들거리며, 바람을 가장 먼저 감지한다고 하여 붙여진 이름이다.

화살나무 봄, 5월, 녹색
많은 줄기에 많은 가지가 갈라지고 가지에는 화살의 날개 모양을 띤 코르크질이 2~4줄이 생겨난다.

오랜 세월의 가치를 말해 주듯 소나무의 멋진 자태는 하나의 석부작을 감상하는 듯한 즐거움을 주는 헤이마 정원의 주요 명작이다.

01

02

03

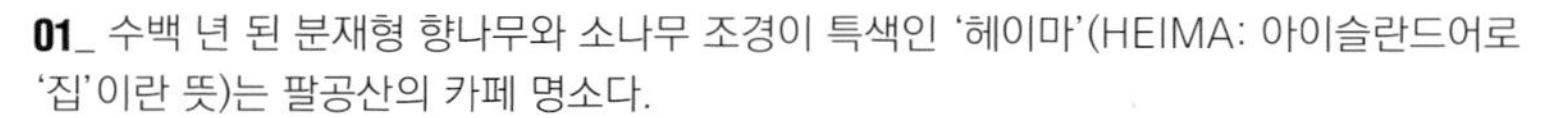

01_ 수백 년 된 분재형 향나무와 소나무 조경이 특색인 '헤이마'(HEIMA: 아이슬란드어로 '집'이란 뜻)는 팔공산의 카페 명소다.
02_ 나무에 특별한 열정이 있는 건축주가 15년간 모아 온 나무들을 곳곳에 식재하여 많은 사람에게 볼거리를 제공하고 있다.
03_ (주)대길건설 홍석호 대표는 오래전에 이곳에 터를 잡고 전국에서 공수해온 귀한 고목들을 심어 자기만의 조경공간을 가꿔온 터에 조형미를 살린 이색적인 건물을 지었다.

04_ 헤이마(Heima)와 로스팅하는 헤이마포인트(Heima Point) 두 건물 사이를 조경 산책로로 이어 이동할 수 있게 했다.
05_ 수령 500년이 넘은 향나무는 수백 년을 기약하여 결국 이곳에 자리 잡았다.
06_ 콘크리트 벽체로 둘러싸인 공간에 배롱나무 한 그루, 처음 계획은 공연장으로 활용할 목적이었으나 손님들의 성화로 포토존이 되었다.

01_ 자연스러움과 현대적 감각이 대비되는 곳에 물이 흐르고 고태미가 묻어나는 나무와 식물들이 자리한 공간이다.
02_ 성 같은 노출콘크리트 본관 주변에 지하수를 활용해 폭포와 계류를 만들어 시원한 수공간으로 구성하였다.
03_세월의 무게감을 안고 있는 느티나무에 가지가 두 개 있었는데, 한쪽 가지는 죽고 지극정성으로 한쪽 가지만 살아남아 생명을 유지하고 있다.
04_ 카페 조성을 위해 옮겨야 하는 처지였지만, 다른 곳으로 옮기면 나무의 생사를 장담할 수 없어 돌로 석축을 쌓아 보호하고 있다.

05_ 헤이마포인트는 과거 한식당이었던 자리로, 누구도 거들떠보지 않고 오랫동안 방치해 두었던 낡은 건물이었는데, 재생건축 프로젝트로 새 생명을 불어넣어 살린 좋은 사례다.
06_ 노후한 골조 위로 통유리 외피를 덮어 기존의 건물을 보존하는 듯, 감각적인 현대적 분위기로 거듭났다.

01_ 옥상에서 내려다본 카페 마당, 250~300년 된 소나무를 요점식재한 석부작은 헤이마 정원의 중요 포인트다.
02_ 있는 그대로를 최대한 살리고 사람들이 좋아하는 조경을 감각적으로 연출한 자연 친화적인 카페가 이곳의 콘셉트이다.
03_ 너와를 얹은 황토방 앞에 바위와 분재형 소나무를 중심으로 자유롭게 조성한 화단이다.
04_ 편안하고 시원스러운 넓은 시야로 팔공산의 풍광을 즐길 수 있게 만든 옥상조경이다.

01

02

03

04

05_ 입체적인 파고라와 벤치의 세련된 조형미, 간결한 방형 연못이 조화를 이룬 특색있는 연못이다

06_ 연못에는 석부작과 함께 수련, 연꽃, 꽃창포, 돌단풍, 해국 등을 심어 볼거리를 제공한다.

01_ 실내에 자연석 옹벽을 쌓고 돌 틈 사이에 음지식물과 이끼로 자연미를 연출한 인공폭포가 매우 인상적인 카페 내부다.
02_ 철근콘크리트 벽체의 단면, 뿌리째 매달은 고사목과 조명, 석축으로 만든 인공폭포 등으로 연출한 인테리어는 하나의 독특한 설치예술작품과 같다.
03_ 실내에서도 시냇물 소리를 들으며 커피를 마시는 독특한 분위기를 즐길 수 있다.
04_ 기존 건물의 콘크리트 벽체와 유리 외피 사이에 조약돌과 바위, 식물들을 조화롭게 연출하고 실내를 순환하는 개울을 만들었다.

01

02

03

04

05_ 벽체를 허물어 노출된 철근과 거친 단면을 그대로 살린 독특한 분위기의 인테리어다.
유리벽을 통해 바라보는 정원 풍경이 프레임 속에 비친 한 폭의 그림이다.
06_ 로스팅하는 헤이마의 실내, 박공지붕의 철제 구조에 화이트 벽체와 우드로 연출한
넓고 차분한 분위기의 인상적인 카운터다.

더로드101
주문하는 곳
WELCOME

정원 곳곳에 다양한 형태의 경관등, 조형등, 장식등을 설치하여 마치 화려한 불빛축제에 온 듯한 인상을 주는 야간 전경이다.

02

2,315 ㎡
700 py

하동 더로드101

다양한 형태의 석재 디테일이 돋보이는 조경

위　　치 경상남도 하동군 화개면 화개로 357
조 경 면 적 2,315㎡(700py)
조경설계·시공 건축주 직영
취 재 협 조 더로드101 카페 T.070-4458-4650

쌍계사로 향하는 십리벚꽃길 끝자락 힐사이드에 있는 '더로드101'은 비움을 강조한 이색적인 정원 연출로 힐링 공간을 제공하며 이용객들의 인기몰이를 한다. 일반적으로 정원 하면, 잔디마당에 각종 수목과 초화류로 곳곳을 풍성하고 아름답게 장식한 이미지를 떠올리게 된다. 하지만, 이곳 정원의 콘셉트는 좀 독특한 면이 있다. 우선 입구에 들어서면 정원의 주요 소재로 쓰인 다양한 형태의 석재들이 눈길을 끈다. 초입에 견고하게 잘 놓은 돌계단을 비롯하여 돌로 만든 연못과 화단 경계 등 다양한 석물들로 이루어져 있다. 공간마다 잔디를 심고 분재 형태의 나지막한 소나무를 한두 그루씩만 심어 시원한 공간감을 부여함으로써 소나무의 심미성을 높이면서 시야 폭도 넓혔다. 힐사이드에 위치한 카페의 지형 조건을 잘 활용하여 하루에도 수백 명에 달하는 많은 방문객을 고려하면 창의적이고 분위기에 적합한 정원 계획이다. 시야가 탁 트인 열린 정원은 곳곳에 다양한 형태의 경관등을 설치하여 야간에는 온통 아름다운 불빛 축제의 장으로 화려한 밤 분위기를 선사한다. 전체적으로 비어있는 듯하나 곳곳을 돌며 자세히 눈여겨보면 아기자기하고 정성스럽게 꾸민 살아있는 조경 디테일들이 눈요기가 된다. 돌을 주요 소재로 금속, 도자기, 목공 등 다양한 소재들을 공예작품처럼 예술적으로 창작하여 꾸민 정원은 구석구석 돌며 하나하나 감상하는 재미가 상당히 쏠쏠하다. 입구에 정갈하게 놓아둔 물확에서는 작은 송사리가 자유롭게 노닐며 방문객을 맞는다. 조경에 얼마나 많은 정성을 쏟는지 짐작게 하는 대목이다. 독특하고 매력적인 조경으로 '더로드101'은 중·장년층은 물론 젊은이들 사이에서도 SNS 핫플레이스로 떠오른 명품 정원 카페이다.

송악
카페
체리세이지 군식
분홍바늘꽃 군식
백화등
소나무
초설마삭
란타나
갯쑥부쟁이
잔디패랭이
우청꽃
자이언트파피루스
애란 군식
연못
입구
란타나 군식
메리골드 군식
갯쑥부쟁이
팬지
채송화
목배풍등
소나무
개모밀덩굴
휴케라
채송화
산딸나무
목배풍등
사계코스모스
해변국화
갯쑥부쟁이
란타나
갯쑥부쟁이
애란(소엽맥문동)
해변국화
소국
앵초
팬지
소나무
벚나무 열식
철쭉 군식

팽나무
배롱나무
패랭이꽃
벌개미취
세피루스
향나무
연못
경관석
물양귀비
부레옥잠
나비바늘꽃 군식
게류
체리세이지 군식
붓꽃 군식
연꽃
수련
연못
소나무
경관석
소사나무
장미
덩굴장미 열식
복합문화공간
야자수 열식
피라칸다 군식
하부 맥문동 군식
야자수 열식

W
S
N
E

주요 나무와 야생화 MAJOR TREE & WILD FLOWER

나비바늘꽃 여름~가을, 6~10월, 흰색·붉은색
부드럽게 스치는 바람에도 산들거리며 춤을 추는 아름다운 관상초로 조경용 소재로 많이 이용한다.

덩굴장미/넝쿨장미 봄, 5~6월, 붉은색
덩굴을 뻗으며 꽃을 피워 이런 이름이 붙었다. 집에서는 흔히 울타리나 정원의 아치 장식용으로 많이 심는다.

란타나 봄~가을, 5~10월, 노란색·흰색 등
시간이 지남에 따라 꽃이 7가지 색으로 변하여 '칠변화'라 부르기도 한다.

메리골드 봄~가을, 5~10월, 노란색 등
멕시코 원산이며 줄기는 높이 15~90cm이고 초여름부터 서리 내리기 전까지 긴 기간 꽃이 핀다.

맥문동 여름, 6~8월, 자주색
꽃이 아름다운 지피류로 그늘진 음지에서 잘 자라 최근에 하부식재로 많이 사용하고 있다.

목배풍등 여름~가을, 7~9월, 보라색·흰색
원예종인 반관목 덩굴성 식물로 자스민 향기기 나기 때문에 '자스민감자꽃'이라 불리기도 한다.

배롱나무/백일홍/간지럼나무 여름, 7~9월, 붉은색 등
100일 동안 꽃이 피어 '백일홍' 또는 나무껍질을 손으로 긁으면 잎이 움직인다고 하여 '간지럼나무'라고도 한다.

벌개미취 여름~가을, 6~9월, 자주색
뿌리에 달린 잎은 꽃이 필 때 진다. 개화기가 길어 꽃이 군락을 이루면 훌륭한 경관을 제공한다.

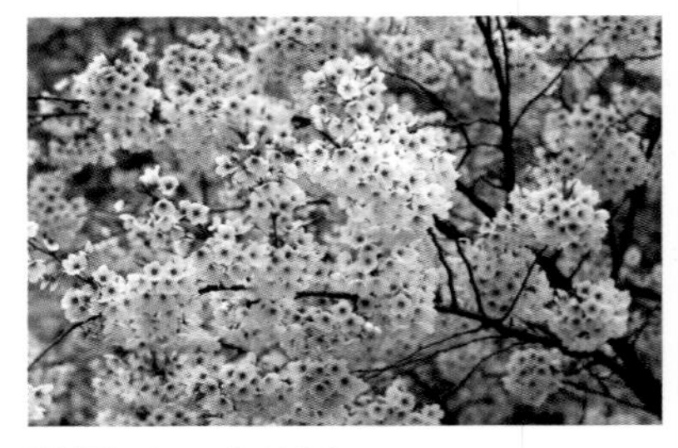

벚나무 봄, 4~5월, 분홍색
꽃은 잎보다 먼저 피고 산방꽃차례로 3~6개의 꽃이 달린다. 열매는 흑색으로 익으며 버찌라고 한다.

부레옥잠 여름~가을, 8~9월, 보라색
떠다니며 자라고 수염뿌리처럼 생긴 잔뿌리들은 수분과 양분을 빨아들이고 몸을 지탱한다.

분홍바늘꽃 여름, 7~8월, 분홍색
뿌리줄기가 옆으로 뻗으면서 퍼져나가 무리 지어 자라고 줄기는 1.5m 높이로 곧게 선다.

소사나무 봄, 5월, 연한 녹황색
잎은 어긋나고, 달걀모양이며 길이 2~5cm로 작고 가장자리에 겹톱니가 있고 측맥은 10~12쌍이다.

연꽃 여름, 7~8월, 분홍색·흰색
해가 저물면 오므라들었다가 아침마다 새롭게 활짝 피는 꽃을 보고, 신성한 존재를 떠올리기도 한다.

채송화 여름~가을, 7~10월, 붉은색 등
줄기는 붉은빛을 띠고 가지가 많이 갈라져서 퍼지며 맑은 날 낮에 피어 오후 2시경에 시든다.

피라칸다 봄~여름, 5~6월, 흰색
상록 관엽식물로 높이 1~2m까지 자라고 가지가 많이 갈라지고 서로 엉키고 가시가 많다.

휴케라 여름, 6~8월, 붉은색 등
다채로운 색깔과 모양을 가진 잎과 안개꽃처럼 풍성하게 피는 꽃도 예뻐서 정원에 흔히 활용하고 있다.

잔뜩 고개 숙인 사간 소나무가 맞이하는 카페 입구의 야간 풍경, 어두운 산속에서도 카페 '더로드101'은 손님들을 화려한 빛의 세계로 안내한다.

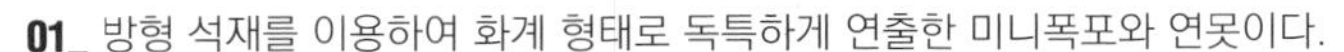

01_ 방형 석재를 이용하여 화계 형태로 독특하게 연출한 미니폭포와 연못이다.
02_ 은은한 조명으로 곳곳에 분위기를 더해 차를 마시며 추억 샷을 남기기에 좋은 곳이다.
03_ 더로드101에 들어서면 직접 로스팅한 원두커피와 제철 과일, 다양한 계절 꽃이 손님을 기다리고, 사방이 탁 트인 정원은 마음을 편하게 해주는 감성 카페이다.
04_ 부식 철로 만든 독특한 형태의 화단 휀스가 하나의 설치작품을 보는 듯하다.

05_ 단아한 단층 건물에 정원수와 분재, 아기자기한 화단을 곳곳에 조화롭게 배치하여 연출한 명품 정원으로 인기가 많은 곳이다.
06_ 전체적으로 돌을 주로 이용하여 비탈진 지형 조건을 잘 살려낸 계단식구조의 정원이다.

01_ 여백미를 살려 식재한 조형소나무, 계류와 연못 등 지형에 따른 다양한 조경 디테일과 오브제들이 조화를 이룬다.
02_ 카페 건물은 주변 지리산의 풍광을 담아내기 위해 나지막한 단층으로 지었다.
03_ 장방형의 돌로 쌓은 석축 벽면에 수구와 계단식 수로를 연출하여 화계와 조화를 이루었다.

04_ 방문객들에게 시원한 물소리와 볼거리를 제공하기 위해 연못의 청결을 유지하며 세세한 부분에도 소홀함이 없이 정원관리에 정성을 쏟는다.
05_ 다양한 종류의 돌과 판석을 이용하여 개성 있게 연출한 돌계단이다.
06_ 물은 자연석으로 만든 긴 유선형 계류를 타고 흘러 내려와 돌출된 수구를 통해 연못으로 떨어진다.

01_ 조경은 전체 4,000여㎡(1,200평) 부지 중 2,300여㎡(700평)에 조성된 상태이며, 단계적으로 위쪽으로 조경을 확대할 계획이다.

02_ 솜씨가 있는 직원의 손을 빌려 돌, 목공, 부식 철 등을 이용해 만든 공예적 요소들을 조경에 접목하여 아기자기한 볼거리가 많은 정원이다.

03_ 병풍처럼 둘러쳐진 천혜의 지리산 풍광과 주변의 싱그러운 녹차 밭을 배경으로 조성된 조경이라 돌, 나무, 부식 철 등을 이용한 디테일이 더욱더 색다른 이미지로 돋보인다.

04_ 봄에는 꽃, 여름에는 푸른 잔디, 가을에는 오색 단풍, 겨울에는 소나무와 눈꽃, 어두운 밤에는 화려한 불빛으로 시간과 공간을 아우르는 카페 정원이다.

05_ 곳곳에 다양한 수공간을 배치하여 수생식물들을 기른다. 세세한 부분에 정성을 쏟으며 조경공간의 스토리텔링을 이어가고 있다.
06_ 천연방부목재, 부식 철, 독특하게 구성한 돌계단에 국화, 샤스타데이지, 청화쑥부쟁이가 조화를 이룬 색다른 디테일이다.
07_ 작은 바위 위에서 푸른빛을 띠며 자라는 이끼는 이곳 조경관리의 정도를 가늠케 한다.
08_ 정성스럽게 매일 갈아주는 깨끗한 물 덕에 작은 돌확에서도 평화롭게 노니는 송사리를 볼 수 있다.

01_ 천장은 시원스럽게 열려있고, 건물 전면은 폴딩도어를 설치하여 실내에서도 외부의 분위기를 즐길 수 있다.
02_ 카페 입구에 서서 언제나 찾아오는 방문객을 맞이하는 한 쌍의 석상.
03_ 장방형 돌로 만든 화단 사이에 물확을 놓아 작은 수공간을 연출한 디테일이다.

04_ 모던한 분위기로 꾸민 카운터를 지나면 넓은 실내공간으로 이어진다.
05_ 푸른 녹차 밭과 지리산의 풍경을 차경하고, 가까이서 아름다운 정원 풍경을 즐기며 차 한잔의 여유를 누리기에 알맞은 곳이다.
06_ 아기자기한 볼거리와 살거리가 깔끔하게 잘 정돈된 실내, 오픈 전에 매일 새로운 꽃과 식물들을 들여와 실내는 늘 꽃향기가 가득하다.

Open 10:00
Close 21:00
32

수목과 화훼가 어우러진 너른 유럽식 정원의 진수를 만끽할 수 있는 그린망고는 100년 가까이 된 더글라스퍼 소나무로 지은 북유럽풍의 심플한 건물이다.

03 3,306 ㎡ 1,000 py

양평 그린망고

컬러 테마로 공간을 연출한 유럽식 포멀가든

위 치 경기도 양평군 개군면 개군산로 32
조 경 면 적 3,306㎡(1,000py)
조경설계·시공 아이디얼가든
취 재 협 조 양평 그린망고 카페 T.070-4252-3288

그린망고 정원은 아이디얼가든이 설계하고 시공한 1,000평 규모의 유럽식 정원으로 디자인에서 색다른 분위기가 느껴진다. 전체 정원은 컬러를 테마로 잉글리쉬가든, 프렌치가든, 화이트가든, 레드가든, 키친가든, 주택가든 등 다양한 공간으로 구성되어 있다. 잉글리쉬가든에는 넓은 잔디광장과 블루 톤의 정자, 각양각색의 꽃으로 꾸민 영국식 화단이 조성되어 있고, 카페 뒤편은 프렌치가든으로 심플한 포멀가든에 조형 장식물, 그 뒤 뽕나무 주변에는 '비밀의 화원'을 콘셉트로 둥근 쉼터와 아늑한 화이트가든이 자리하고 있다. 레드가든에는 소통의 공간인 원형 잔디광장과 쉼터를 조성해 동양적인 분위기로, 주택가든은 개인이 사용하는 공간인 만큼 텃밭과 장독대, 데크로 꾸미고, 카페 전면의 도로가는 소음 차단을 위한 관목 정원과 자작나무 숲이 조성되어 있다. 공간별 주요 식재를 살펴보면, 잉글리쉬가든에는 에키네시아, 아스타, 베르가못, 모닝라이트, 그린라이트 등으로 풍성하고 자연스러운 분위기다. 프렌치가든에는 화이트핑크셀릭스, 장미, 알리움, 튤립 등으로 깔끔하고 우아하게, 화이트가든에는 흰색 라임수국을 비롯하여 흰무늬억새, 플록스, 돌단풍 등으로 화사하고 아늑한 분위기를 연출하였다. 레드가든에는 접시꽃, 휴케라, 노루오줌 등으로 강렬한 느낌을, 주택 주변엔 황금조팝나무, 기린초, 금낭화 등으로 아기자기하게 꾸몄다. 컬러를 주제로 가든마다 분위기에 알맞은 다양한 수목과 초화류를 선택하여 정원은 계절마다 꽃들이 피고 지며 늘 유기적인 새로운 분위기를 선사한다. 북유럽풍 감성이 묻어나는 그린망고 카페는 정자, 가제보 등 다양한 쉼터가 여기저기 마련되어 있어 누구든지 찾아가 내 집 정원을 거닐 듯 편안한 마음으로 정원 풍경을 즐기며 쉴 수 있는 아름다운 공간이다.

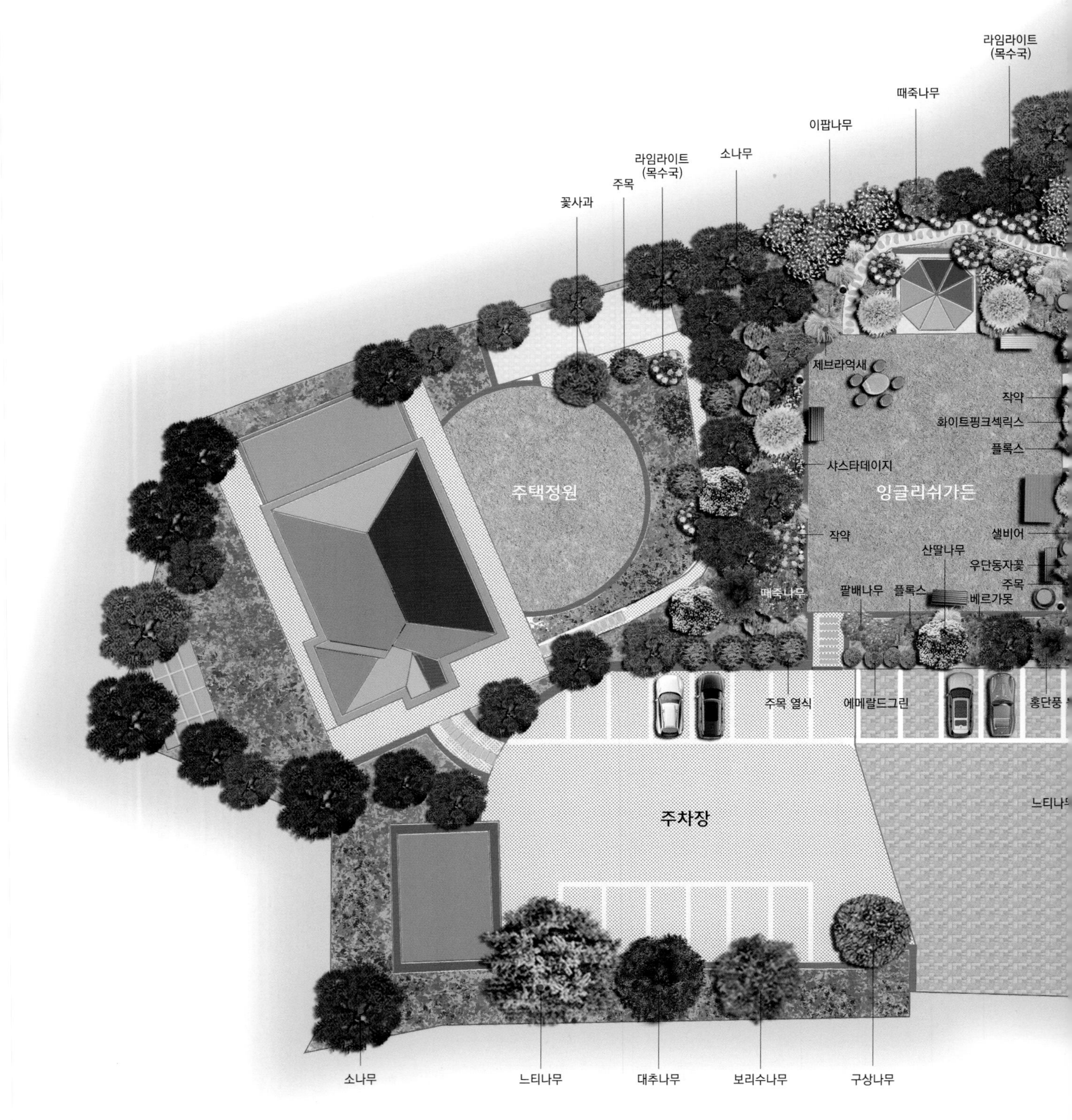
라임라이트
(목수국)
때죽나무
이팝나무
소나무
라임라이트
(목수국)
주목
꽃사과
제브라억새
작약
화이트핑크섹릭스
플록스
샤스타데이지
주택정원
잉글리쉬가든
작약
샐비어
산딸나무
우단동자꽃
주목
때죽나무
팥배나무
플록스
베르가못
주목 열식
에메랄드그린
홍단풍
주차장
느티나무
소나무
느티나무
대추나무
보리수나무
구상나무

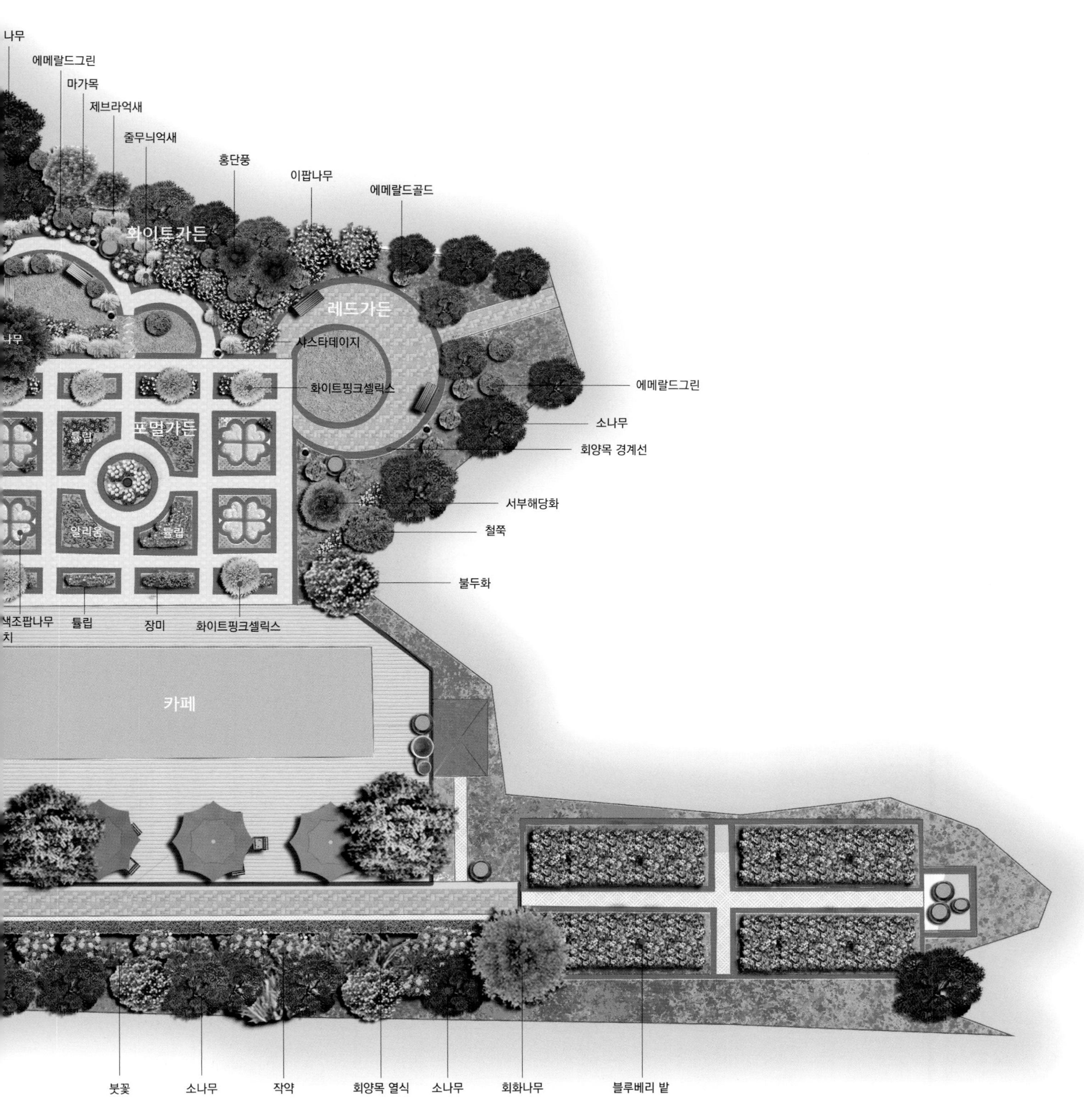
나무
에메랄드그린
마가목
제브라억새
줄무늬억새
홍단풍
이팝나무
에메랄드골드
화이트가든
레드가든
사스타데이지
나무
화이트핑크셀릭스
에메랄드그린
소나무
회양목 경계선
포멀가든
튤립
알리움
튤립
서부해당화
철쭉
불두화
색조팝나무
치
튤립
장미
화이트핑크셀릭스
카페
붓꽃
소나무
작약
회양목 열식
소나무
회화나무
블루베리 밭

N
W
E
S

주요 나무와 야생화 MAJOR TREE & WILD FLOWER

구상나무 봄, 6월, 짙은 자색
한국 특산종으로 나무껍질은 잿빛을 띤 흰색으로 정원수나 크리스마스트리로도 많이 이용한다.

구절초 여름~가을, 9~11월, 흰색 등
9개의 마디가 있고 음력 9월 9일에 채취하면 약효가 가장 좋다는 데서 구절초라는 이름이 생겼다.

꽃사과 봄, 4~5월, 흰색 등
잎은 사과 잎보다 연한 녹색으로 광택이 나며 꽃은 한 눈에서 6~10개의 흰색·연홍색의 꽃이 핀다.

때죽나무 봄~여름, 5~6월, 흰색
꽃들은 다소곳하게 아래를 내려다보고 핀다. 덜 익은 푸른 열매는 물고기 잡는 데 이용한다.

불두화 여름, 5~6월, 연초록색·흰색
꽃의 모양이 부처의 머리처럼 곱슬곱슬하고 4월 초파일을 전후해 꽃이 만발하므로 불두화라고 부른다.

붓꽃 봄~여름, 5~6월, 자주색 등
약간 습한 풀밭이나 건조한 곳에서 자란다. 꽃봉오리의 모습이 붓과 닮아서 '붓꽃'이라 한다.

산딸나무 봄, 5~6월, 흰색
꽃은 짧은 가지 끝에 두상꽃차례로 피고 좁은 달걀 모양의 4개 하얀 포(苞)조각으로 싸인다.

알리움 봄, 5월, 보라색, 분홍색, 흰색
우리가 즐겨 먹는 파, 부추가 알리움 속 식물이다. 대체로 꽃 모양이 둥근 공 모양을 하고 있다.

에메랄드골드 봄, 4~5월, 노란색
서양측백의 일종으로 황금색의 잎과 가지가 조밀하고 원추형의 수형이 아름다운 수종이다.

에메랄드그린 봄, 4~5월, 연녹색
칩엽상록 교목으로 서양측백나무의 일종. 에메랄드골드와는 달리 잎은 늘 푸른 녹색을 띤다.

작약 봄~여름, 5~6월, 분홍색 등
줄기는 여러 개가 한 포기에서 나와 곧게 서고 꽃은 지름 10cm로 아름다워 원예용으로 심는다.

제브라억새 가을, 9월, 자주색
황백색의 가로줄 무늬가 특이한 억새의 변종으로 '호피무늬억새', '줄무늬억새', '얼룩무늬억새'라고도 불린다.

주목 봄, 4월, 노란색·녹색
열매는 8~9월에 적색으로 익으며 컵 모양으로 열매 살의 가운데가 비어 있고 안에 종자가 있다.

홍단풍 봄, 4~5월, 붉은색
높이 7~13m로 나무 전체가 1년 내내 항상 붉게 물든 형태로 아름다워 관상수나 조경수로 심는다.

화이트핑크셀릭스 봄, 5~7월, 분홍색
우리말로 표현하면 흰색·분홍색 버드나무란 뜻으로 꽃이 아니며 잎이 계절별로 변하는 수종이다.

회화나무 여름, 7~8월, 노란색
높이 25m로 가지가 퍼지고 작은 가지는 녹색이며 작은 잎은 7~17개씩이고 꽃은 원추꽃차례로 달린다.

다양한 공간과 테마를 콘셉트로 조성한 정원은 철마다 피는 아름다운 정원의 꽃들을 즐기기 위해 해마다 많은 사람이 나들이 삼아 찾아오곤 한다.

01_ 목조건물과 너른 테라스, 풍성하게 잘 가꾼 화단이 어우러진 낭만적인 분위기의 카페 휴식공간이다.
02_ 카페 앞 도로변에는 관목과 화초류를 밀식하여 소음 차단과 가림막 효과를 냈다.
03_ 카페 뒤에 조성한 프렌치가든은 유럽식 정원의 특징이 가장 잘 나타나 있다.
회양목 경계선으로 대칭 형태를 이룬 화단에 황금조팝나무, 알리움, 장미 3가지 종류로 화단을 채색했다.

04_ '블루밍 우먼'이란 제목의 조형물을 중심으로 컬러로 공간을 구획한 포멀가든이다.
05_ 곳곳에 다양한 색상의 가제보와 벤치 등 쉼터가 마련되어 있어 연인끼리, 가족끼리 삼삼오오 정원을 산책하기에 좋은 곳이다.
06_ 프렌치가든은 4월부터 튤립에 이어 알리움이 화단을 채우고, 수국이 뒤를 이어 계절에 따라 피고 지며 화사하게 화단을 수놓는다.

01_ 야외 결혼식장으로 사용할 수 있도록 넓은 잔디마당으로 꾸민 잉글리쉬가든, 다양한 컬러의 벤치와 가제보가 눈길을 끈다.
02_ 분홍색 플록스가 절정을 이룬 풍성하고 화사한 화단과 하얀 수국 길로 둘러싸인 가제보, 야외결혼식 무대로 별도의 꽃장식이 필요 없을 듯하다.
03_ 잉글리쉬가든 주변 화단에 혼합식재한 다양한 종류, 색상의 관목과 꽃들이 피고 지며 방문객들에게 늘 계절의 싱그럽고 화사한 분위기를 선사한다.

04_ 정원에서 가장 큰 뽕나무를 중심으로 펼쳐진 싱그럽고 편안한 분위기의 정원 풍경이다.
05_ 잎이 풍성하고 둥근 모양의 수형이 특징인 화이트핑크셀릭스(삼색버드나무)가
잉글리쉬가든과 포멀가든 사이의 경계를 구분 짓는다.

01_ 풍성하면서도 자연스러운 영국식 화단으로 사초류의 모닝라이트, 그린라이트 등으로 깊이 있는 질감을 더했다.
02_ 노란색 포인트 대문을 열어젖히면 정원 산책길로 이어진다.
03_ 포토존으로 인기 있는 포멀가든과 잉글리쉬가든 사이에 설치한 장미터널.
04_ 4월이면 포멀가든에는 공간별로 심어 놓은 튤립이 형형색색 정원을 아름답게 장식한다.

05_ 산책로마다 장미와 수국, 샤스타데이지 등 다양한 꽃과 나무들이 풍성하여 정원 산책을 하며 낭만적인 분위기를 즐길 수 있는 곳이다.
06_ 뽕나무 주변에 비밀의 화원 콘셉트로 조성한 아늑하고 조용한 분위기의 화단이다.
07_ 식물의 색감이나 질감, 키 등을 고려한 배식으로 풍성함 속에 질서와 조화를 이룬 영국식 초화화단이다.

01

02

01_ 흰색 테마로 이루어진 화이트가든에는 흰색 샤스타데이지, 흰색 라임수국과 흰색 계열의 사초류로 테마에 어울리는 분위기를 연출했다.

02_ 레드가든에는 붉은색 보도블록 포장과 주황색 벤치, 붉은 단풍나무로 강렬한 분위기를 연출했다.

03_ 주차장과 잉글리쉬가든 사이에는 에메랄드그린 생울타리를 조성해 차폐했다.

04_ 녹색 전원마을에 자리 잡은 그린망고 카페는 마을과 조화를 이룬 나지막한 건물로 농촌마을의 조용하고 목가적인 풍경을 즐길 수 있는 곳이다.

03

04

05_ 외쪽지붕의 높은 천장으로 탁 트인 실내공간은 깔끔하고 여유로운 분위기다.
06_ 아기자기한 소품들과 나무의 느낌을 살린 인테리어로 차분하면서도 따뜻한 분위기를 느낄 수 있는 카페 실내이다.
07_ 가로로 길게 낸 창가에 설치한 테이블은 차를 마시며 창밖 포멀가든의 아름다운 풍경을 즐길 수 있어 카페 안에서 가장 인기 있는 자리다.

오랑주리

대규모의 유리온실과 식물원, 넓은 주차장을 갖춘 오랑주리 카페는
색다른 분위기로 입소문을 타며 양주의 명소가 되었다.

04

9,140 ㎡
2,765 py

양주 오랑주리

자연을 품은 대형 유리온실의 식물원 카페

위 치 경기도 양주시 백석읍 기산로 423-19
조 경 면 적 9,140㎡(2,765py)
조경설계·시공 건축주 직영
취 재 협 조 오랑주리 카페 T.070-7755-0615

양주와 파주 사이에 위치한 식물원 카페 오랑주리(Orangerie)는 흔들다리로 유명한 마장호수 상류의 과거 식당 부지였던 장소에 지은 유리온실로 먼발치에서 바라보아도 그 규모가 예사롭지 않음을 알 수 있다. '오랑주리(Orangerie)' 는 유럽 북방의 한랭지에서 오렌지나 기타 과수를 육성하기 위해 지은 건물로 '오렌지 온실'을 뜻한다. 전체를 거대한 철제 구조와 유리벽으로 정밀 시공한 대형 온실로, 내부는 1, 2층으로 이루어져 아래층에는 식물원과 카운터, 위층에는 차를 마시는 공간으로 꾸며져 있다. 1층 식물원에는 몬스테라, 홍콩야자 등 아열대 식물을 포함하여 관엽식물과 한라봉, 바나나를 포함해 200여 종이 넘는 다양한 식물들이 식재되어 있다. 식물 사이사이에 낸 아기자기한 산책로, 거대한 암석을 따라 자연스럽게 흘러내리는 계류와 미니폭포는 실내에서는 좀처럼 구경하기 어려운 장면이다. 자연에 온실을 덮어씌운 형태로 자연의 멋을 그대로 끌어안은 채 온실을 건축하여 뿜어나오는 매우 이색적인 자연미로 이용객들의 눈을 매료시킨다. 거대한 온실 속에 들어앉은 오랑주리 카페는 봄부터 겨울까지 언제든 찾아가 싱그러운 녹색공간에서 흐르는 물소리를 들으며 차를 마시고 꽃과 수목을 감상할 수 있는 곳이다. 이뿐만 아니라 바깥 전경을 한눈에 조망할 수 있는 야외 테라스에서는 시원스럽게 펼쳐진 마장호수의 아름다운 풍광도 한눈에 즐길 수 있다. 은퇴 후 '타샤의 정원'을 꿈꾸며 준비해 왔던 터, 온실 식물원으로 양주의 명소가 된 카페를 찾아오는 많은 사람과 아름다운 녹색공간을 함께 공유하는 즐거움으로 주인장 부부는 늘 바쁜 일상을 보내며 행복을 일구어 가고 있다.

조경도면 | Landscape Drawing

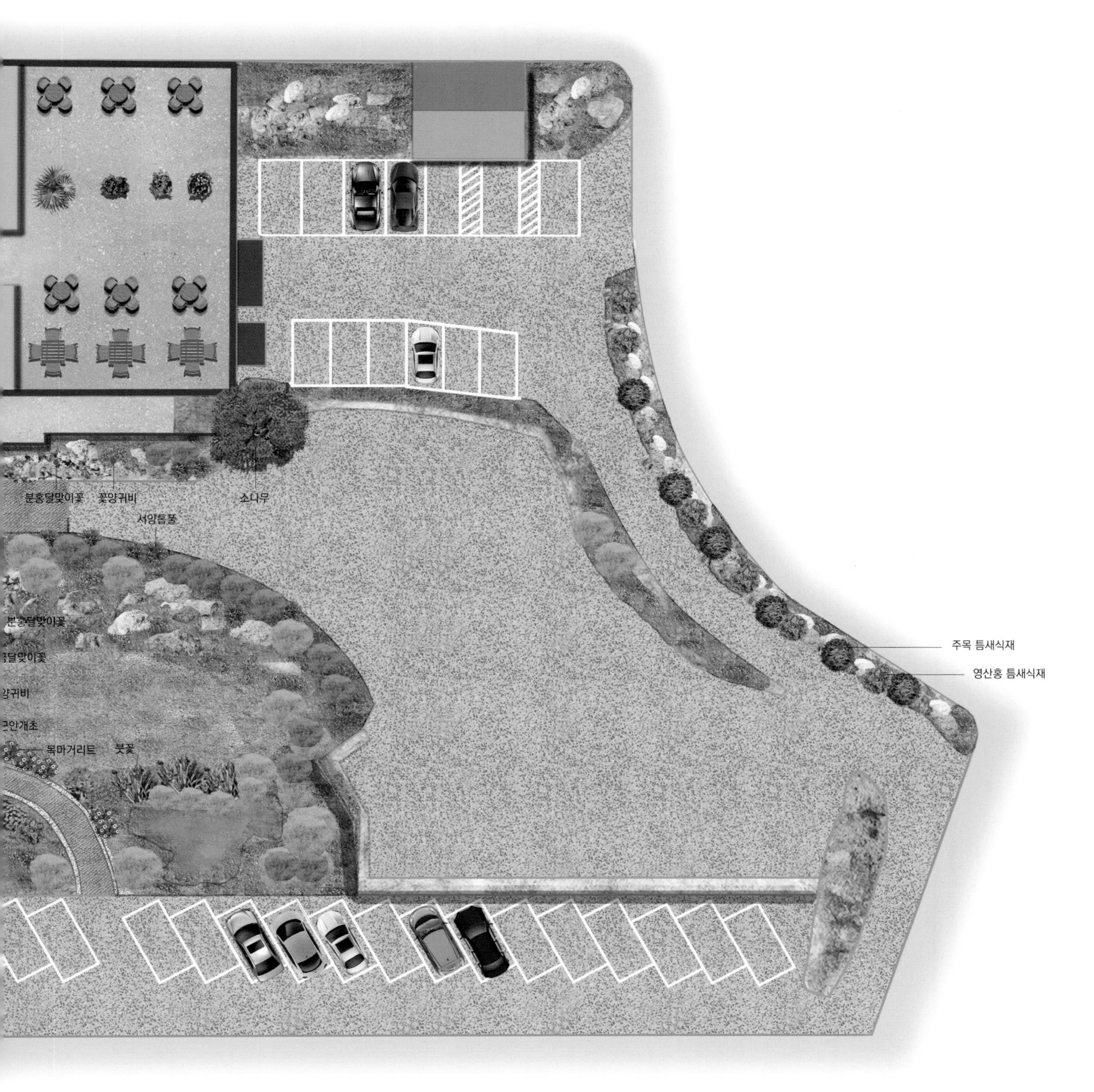
분홍달맞이꽃
꽃양귀비
소나무
서양톱풀
주목 틈새식재
영산홍 틈새식재
목마거리트
붓꽃

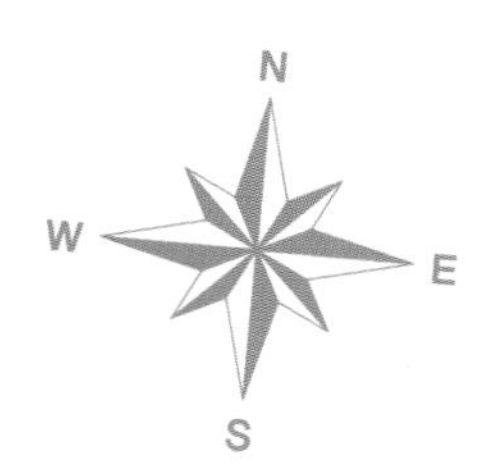
N
W
E
S

주요 나무와 야생화 MAJOR TREE & WILD FLOWER

검은눈의수잔 봄~겨울, 1~12월, 노란색, 흰색 등
동아프리카가 원산지인 다년생 덩굴성 관목으로 나팔꽃과 유사해 '아프리카 나팔꽃'이라 부른다.

기린초 여름~가을, 6~9월, 노란색
줄기가 기린 목처럼 쭉 뻗는 기린초는 아주 큰 식물이 아닐까 생각되지만 키는 고작 20~30cm 정도이다.

동백나무 봄, 12~4월, 붉은색
5~7개의 꽃잎은 비스듬히 퍼지고 수술은 많으며 꽃잎에 붙어서 떨어질 때 함께 떨어진다.

란타나 봄~가을, 5~10월, 노란색·흰색 등
시간이 지남에 따라 꽃이 7가지 색으로 변하여 '칠변화'라 부르기도 한다.

만데빌라 봄~가을, 5~9월, 붉은색·분홍색 등
상록성 목본성 덩굴식물로 키는 1.2m 정도이고 꽃은 봄에 한 번 피고 나서 가을에 또 핀다.

물수세미(물채송화) 여름, 6~8월, 노란색
여러해살이풀로 줄기에 층층이 달린 잎은 앵무새 깃 모양으로 가늘게 갈라지며, 초록색을 띤다.

별수국 여름, 6~8월, 파란색·남색 등
꽃잎의 끝이 뾰족한 형태로 모여 피는 겹꽃으로 모양이 밤하늘에 빛나는 별을 닮았다.

브라질 아부틸론 여름~가을, 6~10월, 노란색
아래를 향하여 종 모양으로 피는데 꽈리처럼 생긴 붉은 꽃받침에서 노란색 꽃잎이 나온다.

아이비 가을, 10월, 녹색
길이 30m까지 자라는 상록성 덩굴식물로 가지에서 공기뿌리가 나와 다른 물체에 달라붙어 자란다.

오렌지 여름, 6월, 흰색
상록 활엽 소교목으로 귤보다 크고 둥글며 꽃이 떨어진 자리가 배꼽 모양으로 남아 네이블이라고 한다.

워터코인 여름, 6~8월, 연두색
다년생 수생식물로 습기가 많은 땅에서 또는 물속, 연못이나 습지에서도 잘 자란다.

임파첸스/서양봉선화 여름~가을, 6~11월, 분홍·빨강 등
1년초로 꽃의 크기는 4~5cm이고 줄기 끝에 분홍·빨강·흰색꽃 등이 6월부터 늦가을까지 핀다.

좀작살나무 여름, 7~8월, 자주색
가지는 원줄기를 가운데 두고 양쪽으로 두 개씩 마주 보고 갈라져 작살 모양으로 보인다.

천사의나팔꽃 여름~가을, 6~11월, 노란색·주황색 등
천사가 긴 나팔을 입에 물고 소식을 전하는 모습이 연상되어 '천사의나팔꽃'이라고 부른다.

파초 여름, 6~8월, 황백색
뿌리줄기 끝에서 돋은 잎은 서로 감싸면서 굵은 줄기처럼 자라는데 길이 2m의 긴 타원형이다.

한련화 여름, 6~8월, 노란색 등
유럽에서는 승전화(勝戰花)라고 하며 덩굴성으로 깔때기 모양의 꽃과 방패 모양의 잎이 아름답다.

곳곳에 장식 조각 작품들이 진열되어 있고, 다년생 덩굴성 관목인 검은눈의수잔과 천사의나팔꽃이 화사하게 매달려 사람들의 시선을 끈다.

01_ 카페 '오랑주리'는 유럽 북방의 한랭지에서 오렌지나 기타 과수를 육성하기 위해 남쪽에 큰 유리창을 내어 지은 건물로 오렌지나무용 온실, 정원을 의미한다.
02_ 야산이었던 경사지를 이용하여 S자 진입로를 만들고 자연스러운 조경으로 친근감 있는 분위기를 연출했다.
03_ S자 계단을 올라 카페 식물원 1층으로 들어가는 입구의 모습이다.

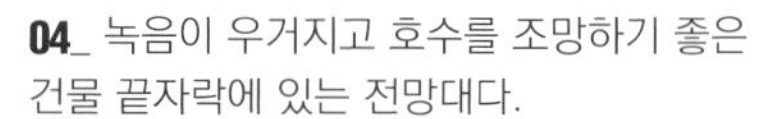

04_ 녹음이 우거지고 호수를 조망하기 좋은 건물 끝자락에 있는 전망대다.
05_ 전면에 넓게 펼쳐진 마장호수는 카페의 또 하나의 볼거리로 뚝 양쪽 산책로와 연결되어 있어 가까이서 호수가 산책을 즐길 수 있다.
06_ 변형에 강하고 내구성이 좋은 친환경 합성목재로 만든 산책로이다.

01_ 유리온실은 내·외관이 매우 깔끔하여 식물재배뿐만 아니라 다른 건축물과도 조화롭게 매치할 수 있는 장점이 있다.
02_ 아직 진행 중인 경사면 조경이지만, 시원스러운 시야를 확보하고 있어 카페의 좋은 이미지를 연출할 수 있는 공간이다.
03_ 자연스럽게 형성된 온실의 계류를 따라 흘러내린 물이 외부로 이어져 생태연못을 이룬다.
04_ 주차장에서 카페에 오르는 경사지에 S자 모양의 보도를 내고 주변을 조경으로 꾸며 초입부터 실내 카페에 대한 기대감을 준다.

01

02

03

04

05_ 석축을 배경으로 덩굴장미와 다양한 초화류를 심어 자연스럽게 연출한 경사지 화단이다.
06_ 거칠게 쌓은 자연석 사이에 건조에 강한 분홍달맞이꽃, 무늬염주그라스 등을 틈새식재하여 꾸민 암석원이다.

01

02

01_ 온실 1층에는 블랙 앤 화이트의 현대식 분위기로 꾸민 카운터가 있다.
02_ 카운터에서 계단을 오르면 연결되는 2층 공간, 온실 유리벽으로 이루어져 있어 차를 마시며 시원스럽게 외부 전망을 즐길 수 있다.
03_ 현대적인 깔끔한 분위기의 유리온실 오랑주리는 자연지형의 멋을 그대로 끌어안은 채 온실을 건축하여 마치 산속에 들어온 듯한 기분이다.
04_ 2층은 온실의 식물을 시원하게 내려다보며 차를 즐길 수 있도록 넓은 시야를 확보하여 공간미를 높였다.
05_ 거대한 철제 구조에 정밀 유리 시공으로 마감하여 천장뿐만 아니라 사방으로 개방감이 탁월하다.
06_ 대규모의 온실을 자랑하는 오랑주리(Orangerie)는 내·외관이 매우 깔끔하고 원형 그대로의 자연과 다양한 식물들이 어우러진 감성적인 공간이다.

03

04

05

06

01_ 계류를 따라 곳곳에 작은 연못들을 조성하여 자연의 생동감을 불어넣었다. 미로처럼 조성한 길을 따라 여기저기 온실을 구경하는 재미가 쏠쏠하다.
02_ 열대식물이 가득한 숲 사이로 흐르는 계류 위로 징검다리를 놓아 자연스러움을 더했다.
03_ 온실 천장이 투영된 개울에는 물길을 따라 부레옥잠, 물수세미(물채송화), 창포, 시페리우스 등이 자연미를 발산한다.

04_ 온실 내 암석을 따라 자연스럽게 흘러내리는 계류를 감상할 수 있다.
05_ 암석 사이사이에는 태초부터 나고 자란 듯이 이끼와 고사리류가 자연스럽게 자라고 있다.
06_ 넓은 온실 카페 안에 자연 그대로 노출된 암석 사이로 계류가 형성되어 온실의 자연스러운 분위기를 주도한다.

05

04

06

05

9,882 ㎡

2,989 py

당진 해어름

일출과 일몰의 바다 풍광이 아름다운 정원

위 치	충청남도 당진시 신평면 매산해변길 144
조경면적	9,882㎡(2,989py)
조경설계·시공	건축주 직영
취재협조	(주)해어름 T.041-362-1955

인적 드문 자연의 땅에 그림을 그려내듯 일궈낸 'Cafe, 해어름'은 서해대교를 배경으로 해와 달, 별빛, 밀물과 썰물에 따라 다양한 모습으로 비치는 현대적 콘크리트 건축물과 앞뜰의 탁 트인 바다 조망, 그리고 조경이 함께 어우러져 마치 바다 위에 떠 있는 한 폭의 그림과 같은 곳이다. 해어름은 순우리말로 해질녘을 뜻하는 해거름의 충청도 방언에서 따온 이름이다. 삼면이 바다로 반도 형태를 띤 대지는 너른 평야를 등지고 서해대교와 노을을 조망할 수 있는 곳으로, 쉽게 접하기 어려운 보기 드문 천혜의 바다 경관이 차별화된 카페의 분위기를 리드한다. 이런 자연환경에 알맞게 건축물과 조경을 특색 있게 디자인하여 테이블을 배치한 전면은 커튼월을 통해 자연경관이 더욱 드라마틱하게 펼쳐진다. 뒤쪽 서비스 공간은 자연을 닮은 독특한 디자인의 노출 콘크리트 건물 외관으로 또 하나의 시각적인 즐거움을 안겨준다. 이곳의 조경은 자연이 빚어 놓은 땅과 바다, 그리고 솜씨 좋은 조경사의 손길이 더해져 더욱 아름답고 특색 있는 공간으로 완성하였다. 우거진 소나무 숲과 해변을 연상케 하는 부드러운 곡선의 모래밭, 바위, 다양한 초화류와 그라스류, 키 작은 관목과 소교목, 조경 장식물 등이 절묘하게 조화를 이룬 정원은 넓은 바다와 연계하여 조경 그 이상의 무한한 상상력과 감흥을 불러일으킨다. 밤에는 '빛의 정원'이라는 테마로 빛의 축제가 열려 사람들의 감성을 자극한다. 아름다운 정원과 바다가 펼쳐진 해어름 카페는 떠오르는 태양과 해질녘 붉은 노을, 깊은 밤 초롱초롱 떠오르는 반가운 별자리를 만날 수 있는 아름다운 곳이다.

전면에 펼쳐진 서해 바다와 행담도, 서해대교, 아산만 등의 풍광이 한눈에 들어온다.

서해
억새
스카이로켓향나무
윤노리나무
억새
소나무
해국
윤노리나무
영산홍 열식
벚꽃나무
수레국화
황금실향나무
배롱나무
실사초
경관등
에메랄드골드
화살나무
문빔
눈향나무
조경등
삼색조팝나무
블루베리
2층 옥상 쉼터
소나무
초설마삭
주목
후르츠세이지
단풍나무
영산홍 군식
단풍나무
화살나무
카페
모과나무
2층 플랜트 화단
마가목
감나무
소나무
이팝나무
꽃사과
단풍나무
보리수
벚나무
황금실향나무
공작단풍
영산홍 군식
반송
소나무
모과나무
무늬유카
유카
억새
공작단풍
화살나무
청와국
무늬매자
제브라억새
황금실향나무
운동시설
느티나무
반송
철쭉 군식
석상
반송
경비실
소나무
삼색조팝나무
루드베키아
마가목
영산홍 군식
이팝나무
단풍나무
루드베키아

N
E
W
S

서해
영산홍 군식
자엽중산국수나무
에버골드사초
그네
조팝나무
단풍나무
화살나무
실사초
삼색조팝나무
소나무 군식
단풍나무
소나무 군식
제브라억새
소나무
루드베키아
향나무
화살나무
무늬나무수국
팽나무
덜꿩나무
구상나무
반송
스카이로켓향나무
라임수국
느티나무
호랑가시나무
메타세쿼이아, 주목 생울타리

주요 나무와 야생화 MAJOR TREE & WILD FLOWER

꽃사과 봄, 4~5월, 흰색 등
잎은 사과 잎보다 연한 녹색으로 광택이 나며 꽃은 한 눈에서 6~10개의 흰색·연홍색의 꽃이 핀다.

메타세쿼이아 봄, 3월, 노란색
살아 있는 화석식물로 원뿔 모양으로 곧고 아름다워서 가로수나 풍치수로 널리 심는다.

배롱나무/백일홍/간지럼나무 여름, 7~9월, 붉은색 등
100일 동안 꽃이 피어 '백일홍' 또는 나무껍질을 손으로 긁으면 잎이 움직인다고 하여 '간지럼나무'라고도 한다.

백당나무 봄~여름, 5~6월, 흰색
흰색의 산방꽃차례 가장자리에는 꽃잎만 가진 장식 꽃이 빙 둘러 가며 핀다. 수국과 비슷하게 생겼다.

보리수나무 봄, 5~6월, 흰색
꽃은 처음에는 흰색이다가 연한 노란색으로 변하며 1~7개가 산형(傘形)꽃차례로 달린다.

블루베리 봄, 4~6월, 흰색
열매는 비타민C와 철(Fe)이 풍부하다. 산성이 강하고 물이 잘 빠지면서도 촉촉한 흙에서만 자란다.

사계국화 봄, 4~5월, 연보라·분홍색
호주가 원산지이고 국화과의 여러해살이풀로 사계절 쉼 없이 핀다고 해서 사계국화라 한다.

삼색병꽃나무 봄, 5월, 백색·분홍·붉은색
우리나라에서만 자라는 특산식물로 꽃과 열매의 기다란 모양이 병을 거꾸로 세워 놓은 것 같다.

수레국화 여름, 6~7월, 청색 등
유럽 동남부 원산으로 독일의 국화이다. 꽃 전체의 형태는 방사형으로 배열된 관상화이다.

스카이로켓향나무 봄, 4월, 노란색
나무에 은빛이 나는 로켓 모양의 독특한 수형을 지녀 가로수, 공원수 및 생울타리로 많이 심는다.

알리움 봄, 5월, 보라색, 분홍색, 흰색
우리가 즐겨 먹는 파, 부추가 알리움 속 식물이다. 대체로 꽃 모양이 둥근 공 모양을 하고 있다.

양귀비 봄~여름, 5~6월, 백색·적색 등
동유럽이 원산지로 줄기의 높이는 50~150㎝이고 약용, 관상용으로 재배하고 있다.

윤노리나무 봄, 5월, 흰색
잎겨드랑이의 산방꽃차례에 흰색 꽃이 피며 꽃자루와 꽃받침에는 흰색 털이 있다.

이팝나무 봄, 5~6월, 흰색
조선시대에 쌀밥을 이밥이라 했는데 쌀밥처럼 보여 이밥나무라 불리다가 이팝나무로 변했다.

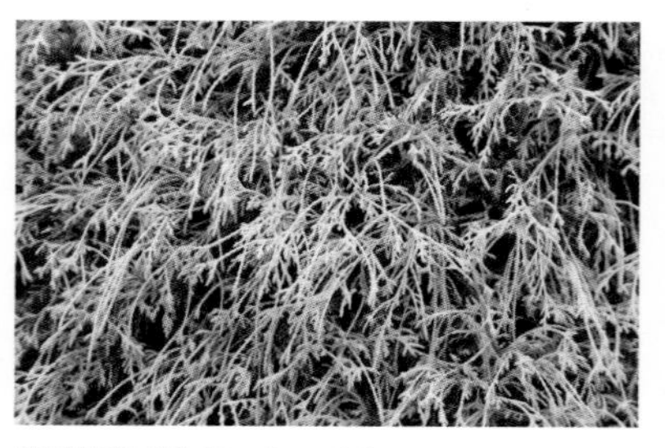

황금실향나무 봄, 4월, 노란색
사계절 내내 푸르고 가는 부드러운 잎이 특징으로 실과 같이 가는 황금색 잎이 밑으로 처진다.

후르츠세이지 여름~가을, 7~10월, 빨간색·흰색
허브종류로 온두라스가 원산지이며, 잎사귀에서 후르츠칵테일 향이 나는 세이지라고 붙여진 이름이다.

잔디마당 주정원에는 해변을 연상케 하는 부드러운 곡선의 모래밭과 오랜 세월 탁마된 바위가 조화를 이루며 넓은 바다와 함께 해변의 분위기를 자아낸다.

01

02

03

01_ 자유로운 곡선으로 해변을 연출한 주정원. 모래밭과 바위, 키 작은 관목과 소교목, 조경 장식물 등으로 조화를 이룬 이색적인 분위기의 암석원이다.
02_ 조수가 가장 낮은 조금 때는 멀리 이어지는 갯벌이 드러나 행담도와 서해대교가 손에 잡힐 듯 가깝게 다가온다.
03_ 주정원의 포인트로 조성한 암석원에는 에메랄드 골드, 눈향나무, 비비추, 코스모스문빔, 수크령, 그라스류 등 건조한 환경에서도 잘 자라는 초화류와 소관목을 식재하여 색다른 분위기를 연출했다.
04_ 나무, 사슴, 버섯 형태의 다양한 조형물에 조명을 설치하여 밤에는 '빛의 정원'이라는 테마로 또 다른 분위기의 정원 풍경을 즐길 수 있다.
05_ 수공간에서 바라본 해어름 카페는 전면을 유리 커튼월로 마감하여 넓게 펼쳐진 바다 풍광을 더욱 드라마틱하게 감상할 수 있다.

04

05

01_ 삽교천 방조제와 서해대교 사이, 해안선을 따라가다 보면 행담도 앞에 마치 포항 호미곶 처럼 삐죽 솟아 있는 작은 반도로 들어서는 길을 제외하면 온통 바다로 둘러싸여 있다.
02_ 건축물의 디자인은 오랫동안 바닷물로 탁마된 자연석 느낌으로 곧 출항할 배를 형상화 한 것이다.
03_ 어스름 저녁엔 붉은 석양이 카페 유리창에 비춰 장관을 이루고, 깜깜한 밤엔 밝고 온화한 불빛들이 주변을 밝힌다.
04_ 독특한 지형 덕분에 서해대교의 야경을 한 자리에서 경험할 수 있는 멋진 곳이다.

05_ 바라보는 위치에 따라 다른 형태를 나타내는 현대적 감각의 노출콘크리트 건물이다.
06_ 풍성한 볼륨감으로 하늘거리는 그라스류는 화단의 질감을 더하는 데 좋은 소재가 된다.
07_ 여백미가 있는 그린 잔디마당에 식물을 조화롭게 연출하여 여유로움이 느껴진다.

05

06

07

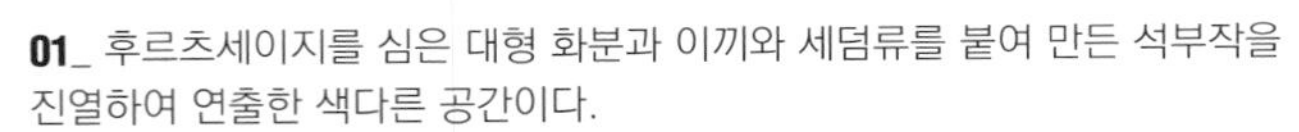

01_ 후르츠세이지를 심은 대형 화분과 이끼와 세덤류를 붙여 만든 석부작을 진열하여 연출한 색다른 공간이다.
02_ 옥상에서 내려다본 2층 테라스의 휴식공간이다.
03_ 조화롭게 연출한 싱그러운 식물들이 방문객들을 편하게 맞이하는 카페 입구이다.

05

06

04_ 소나무와 단풍나무가 주류를 이룬 숲에 점점이 자연석을 배치하고 모래와 자갈로 멀칭하여 꾸민 산책로다.
05_ 소나무 숲을 배경 삼아 난간 높이의 플랜트를 설치하고 분재 식물로 구성한 미니화단을 설치하여 테라스 공간에 자연미를 더했다.
06_ 시멘트구조의 차가운 공간에 나무와 식물로 꾸민 작은 화단이 부드러운 생동감으로 온화한 분위기를 자아내는 휴식공간이다.

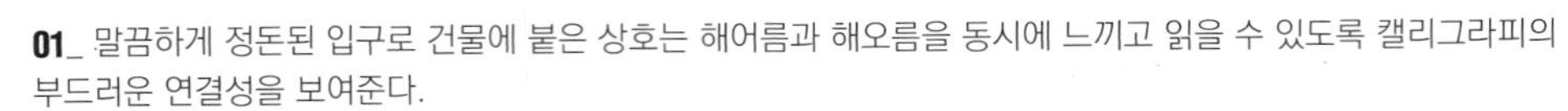

01_ 말끔하게 정돈된 입구로 건물에 붙은 상호는 해어름과 해오름을 동시에 느끼고 읽을 수 있도록 캘리그라피의 부드러운 연결성을 보여준다.
02_ 손에 닿을 듯 눈앞에 펼쳐진 바다와 조경으로 이루어진 카페 입구이다.

03_ 커튼월 통창을 통해 서해대교를 한눈에 볼 수 있다는 점이 큰 매력이다. 날씨가 좋은 때에는 카페 안에서 서해대교를 붉게 물들이는 낙조와 화려한 불빛의 야경까지 볼 수 있다.

04_ 서해대교는 물론, 날씨가 좋은 때는 멀리 삽교천까지 내려다볼 수 있는 카페의 시원한 옥상 전망대다.

05_ 유리 커튼월의 시원스러운 개방감과 인테리어는 안에서도 외부 풍광을 고스란히 담아낸다.

06_ 회색 톤의 노출콘크리트 벽과 브라운 톤의 목재가 조화를 이룬 온화하면서 모던한 분위기로 카페 카운터다.

물과 빛, 소리가 어우러진 모나무르의 워터가든의 밤 풍경, 물을 이용한 뛰어난 공간의 미학을 감상할 수 있는 곳이다.

06 10,700 ㎡ 3,237 py

아산 모나무르

물과 빛, 소리와 예술이 함께 어우러진 공간

위 치 충청남도 아산시 순천향로 624
조경면적 10,700㎡(3,237py)
조경설계·시공 대동조경, 워터알앤디(주)
취재협조 모나무르 T.041-582-1004

프랑스어로 '내(Mon) 사랑(Amour)'이란 뜻의 모나무르는 설계과정부터 자연과 건축이 어떻게 인연을 맺고, 그 과정에서 어떤 것들을 체험하고 느낄 수 있는가에 주안점을 두었다. 3천 평이 넘는 대지에 청동 바오밥나무를 중심으로 둥글게 둘러싼 네 개의 아트갤러리를 비롯하여 워터가든을 한눈에 조망할 수 있는 카페, 미식 공간인 레스토랑, 세미나 및 예식장으로 사용하는 컴플렉스 홀, 야외 행사장으로 사용하는 아레나 홀로 넓게 구성되어 있다. 공간마다 특색을 내어 The GREEN 베이커리 카페, The PURPLE 갤러리, The GOLD 콤플렉스 홀 다목적 공간, The RED 레스토랑으로 시간이 머무는 공간들을 컬러로 구분한다. 특히 모나무르의 포인트인 워터가든에 들어서면 건축과 조경, 그 수공간의 규모에 감탄사가 절로 나온다. 야외 곳곳의 조형물과 갤러리에 전시한 작품들 또한 예사롭지 않다. 물과 빛, 소리가 어우러진 힐링 공간을 모토로 한 모나무르는 특별히 '물'을 이용한 뛰어난 공간의 미학을 감상할 수 있도록 구현되었다. 여름철에는 벽천으로 시원하게 떨어지는 역동적인 수공간이 정원의 열기를 식혀주고, 하늘이 맑고 깊어지는 가을에는 잔잔한 수면 위로 투영된 주변의 풍경이 정원 분위기를 더욱 우아하고 운치있게 해준다. 맑고 잔잔히 고여 있는 물은 시시각각 많은 것을 담아내며 수면 위에 또 다른 풍경을 그려내고, 연못의 조형물은 빛의 효과로 밤과 낮의 수면 위를 더욱 빛나게 장식한다. 풍경을 담아내는 거울못으로, 때로는 잔잔한 물결 위에 흐르는 음악의 선율을 담아내는 낭만적인 수변무대의 배경이 되기도 한다. 충남권 최대의 복합 문화예술공간으로 자리매김한 모나무르는 차별화된 이색적인 힐링 공간으로 방문객들을 눈과 귀를 호사시킨다.

소나무
팥배나무
황토길 맨발코스
단풍나무
낙우송 열식
레스토랑
컴플렉스홀
단풍나무
배롱나무
소나무
억새
대나무
탱자나무
소나무
낙우송
계류
향나무
대나무
은행나무
소나무
계류
거울못
베이커리 카페
수변무대
모과나무
영산홍 군식
담장 밑 조릿대 군식
소나무
영산홍 군식
억새
철제펜스
단풍나무
꽃잔디 열식
공작단풍
라임수국

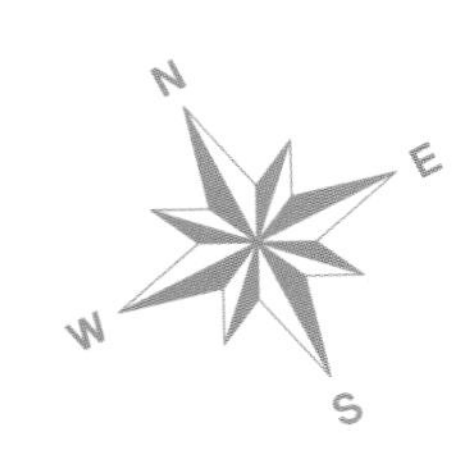
N
E
W
S

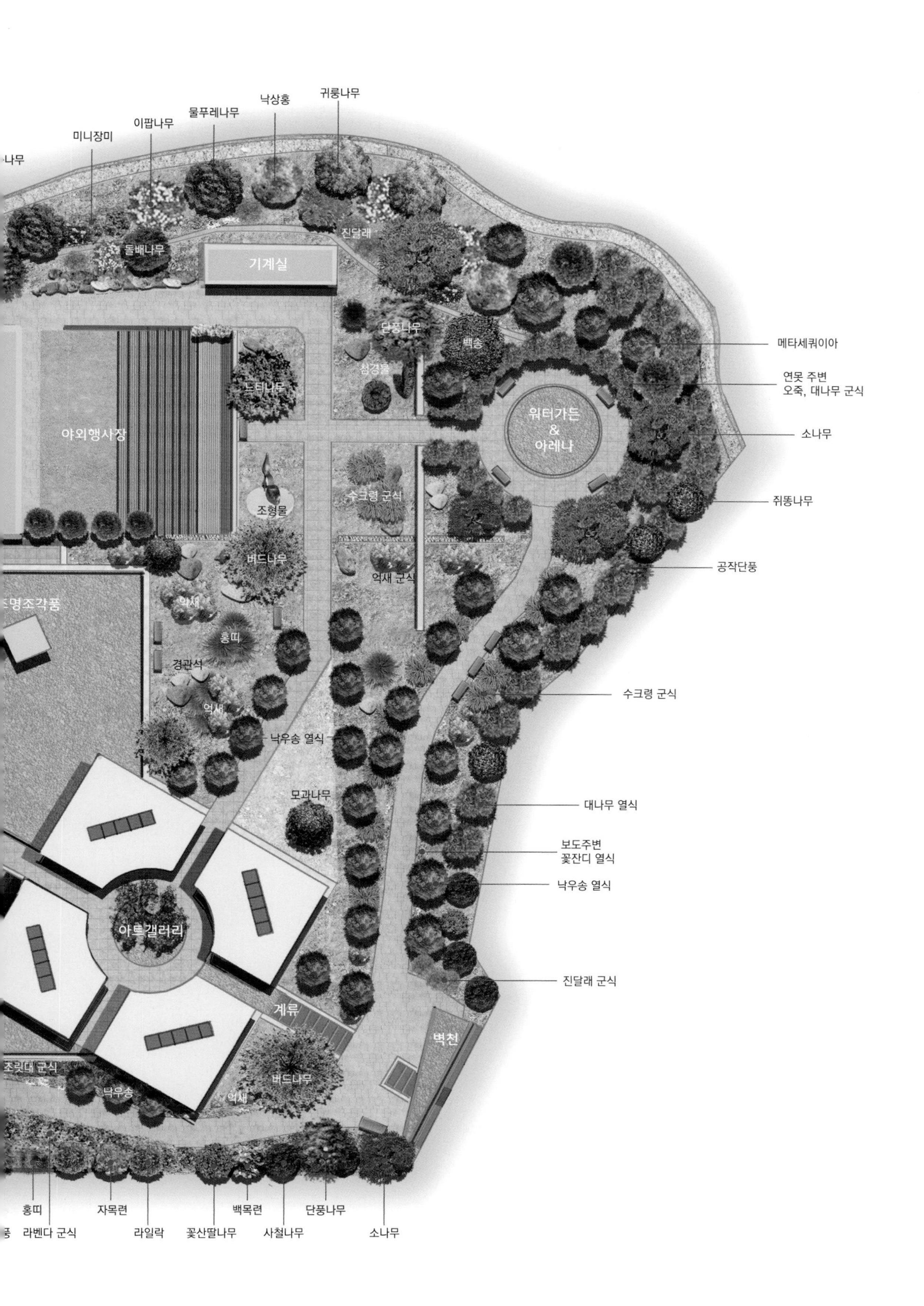
나무
미니장미
이팝나무
물푸레나무
낙상홍
귀룽나무
진달래
돌배나무
기계실
단풍나무
백송
메타세쿼이아
섬경울
도티나무
연못 주변
오죽, 대나무 군식
야외행사장
워터가든
&
아레나
소나무
조형물
수크령 군식
쥐똥나무
버드나무
억새 군식
공작단풍
조명조각품
억새
홍띠
경관석
수크령 군식
억새
낙우송 열식
모과나무
대나무 열식
보도주변
꽃잔디 열식
낙우송 열식
아트갤러리
진달래 군식
계류
벽천
조릿대 군식
버드나무
낙우송
억새
홍띠
자목련
백목련
단풍나무
라벤다 군식
라일락
꽃산딸나무
사철나무
소나무

주요 나무와 야생화 MAJOR TREE & WILD FLOWER

낙우송 봄, 4~5월, 자주색
가을에 낙엽이 질 때 날개처럼 달린 잎이 전체로 떨어진다고 하여 '낙우송(落羽松)'이란 이름이 붙었다.

느티나무 봄, 4~5월, 노란색
가지가 고루 퍼져서 좋은 그늘을 만들고 벌레가 없어 예로부터 마을 입구에 정자나무로 가장 많이 심었다.

단풍나무 봄, 5월, 붉은색
10m 높이로 껍질은 옅은 회갈색이며, 잎은 마주나고 손바닥 모양으로 5~7개로 깊게 갈라진다.

대나무 여름, 6~7월, 붉은색
줄기는 원통형이고 가운데가 비었다. '매난국죽(梅蘭菊竹)' 사군자 중 하나로 즐겨 심었다.

라벤더 여름~가을, 6~9월, 보라색·흰색
지중해 연안이 원산지로 잎이 달리지 않은 긴 꽃대 끝에 수상꽃차례로 드문드문 달린다.

라임수국 여름~가을, 7~10월, 연녹색·백색 등
꽃이 대형 원추꽃차례로 개화 초기에는 연녹색을 띠다 백색으로 변하고 가을에는 연분홍을 띤다.

백송 봄, 5월, 황갈색
수피가 큰 비늘처럼 벗겨져서 밋밋하고 흰빛이 돌므로 백송(白松), 백골송(白骨松)이라고 한다.

수수꽃다리 봄, 4~5월, 자주색·흰색 등
한국 특산종으로 북부지방의 석회암 지대에서 자라며 묵은 가지에서 피는 꽃은 향기가 짙다.

메타세쿼이아 봄, 3월, 노란색
살아 있는 화석식물로 원뿔 모양으로 곧고 아름다워서 가로수나 풍치수로 널리 심는다.

목련 봄, 3~4월, 흰색
이른 봄 굵직하게 피는 흰 꽃송이가 탐스럽고 향기가 강하며 내한성과 내공해성이 좋은 편이다.

버드나무 봄, 4월, 노란색
작은 가지는 노란빛을 띤 녹색으로 밑으로 처진다. 풍치가 좋아 가로수와 풍치수로 심는다.

사철나무 여름, 6~7월, 연한 황록색
겨우살이나무, 동청목(冬青木)이라고 한다. 추위에 강하고 사계절 푸르러 생울타리로 심는다.

꽃산딸나무 봄, 4~5월, 흰색·분홍색·붉은색
높이 7~10m, 원산지 미국, 관상화 꽃잎은 4개이고 자생종인 산딸나무와 달리 여러 개의 타원형 녹색 열매가 붉은색으로 익는다.

억새 가을, 9월, 자주색
뿌리줄기가 땅속에서 옆으로 퍼지며, 칼 모양의 잎은 가장자리에 날카로운 톱니가 있다.

조릿대 여름, 4월, 검자주색
높이 1~2m로 껍질은 2~3년간 떨어지지 않고 4년째 잎집 모양의 잎이 벗겨지면서 없어진다.

조팝나무 봄, 4~5월, 흰색
높이 1.5~2m로 꽃핀 모양이 튀긴 좁쌀을 붙인 것처럼 보이므로 조팝나무(조밥나무)라고 한다.

어둠이 내리면 아름다운 빛과 물소리가 하나 되는 환상적인 마법 같은 장면이 펼쳐지는 벽천이다.

01_ 건물과 수공간의 조형물들이 검은 조약돌 수조 바닥에 투영되어 더욱 우아하게 돋보이며 하나의 거대한 작품을 이룬다.
02_ 정원의 전체적인 디자인에 맞게 거울못 한쪽에는 아트갤러리와 접해 물 위에 떠 있는 듯한 수변무대가 설치되어 있다.
03_ 매끄러운 질감의 검은 석재틀로 거울못의 효과를 배가시켰다. 멀리서 연못 사이의 경사보도를 따라 내려가는 사람을 보노라면 점차 물속으로 깊이 빠져 들어가는 듯한 착시현상이 매우 흥미롭다.

04_ 워터가든과 연결한 선형의 수로와 곧게 선 청동 바오밥나무를 중심으로 네 개의 아트갤러리가 수직적 대칭구조로 조화를 이룬다.

05_ 벽천에서 갤러리로 흘러내리는 계류. 계류는 맑고 시원한 경관적 효과와 더불어 산소의 유입으로 물을 깨끗하게 정화하는 역할을 한다.

06_ 검은 석재로 만든 벽천이 시원한 물줄기를 떨구며 역동적인 장면을 선사한다.

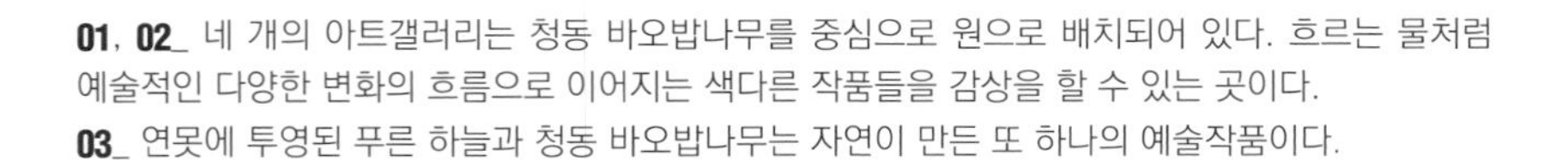

01, 02_ 네 개의 아트갤러리는 청동 바오밥나무를 중심으로 원으로 배치되어 있다. 흐르는 물처럼 예술적인 다양한 변화의 흐름으로 이어지는 색다른 작품들을 감상을 할 수 있는 곳이다.
03_ 연못에 투영된 푸른 하늘과 청동 바오밥나무는 자연이 만든 또 하나의 예술작품이다.

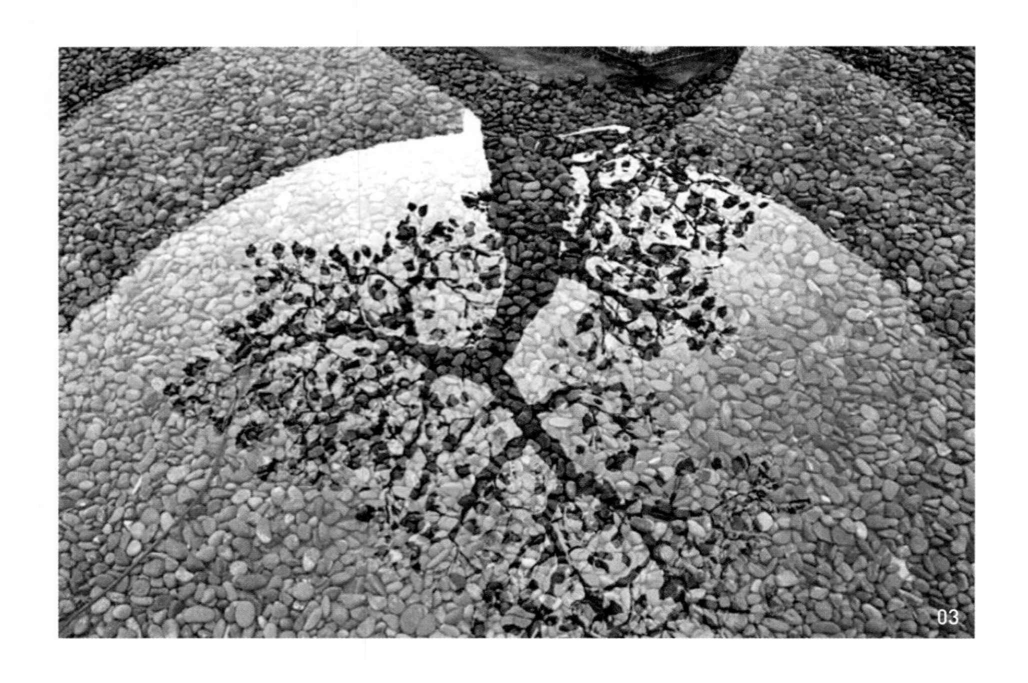

04_ 원형 연못을 둘러싼 대나무의 사각사각 스치는 댓잎 소리를 들으며 휴식할 수 있는 '바람소리연못'이다.
05_ 다양한 요소, 다양한 형태의 정원 디자인과 조화를 이룬 S자형 산책로이다.
06_ 물과 빛의 정원이란 주제가 실감 나게 하는 고즈넉한 연못가 산책로이다.

01

02

03

01_ 빛이 비치는 방향에 따라 다채로운 모습을 보이는 건물의 빛 효과가 매우 신비롭다.
02_ 갤러리 뒤쪽에는 억새 길과 바람의 언덕으로 이어지는 작은 산책길이 나 있다.
03_ 공간적 여백을 두고 곳곳에 조형 작품들을 전시하여 야외 갤러리와 같은 분위기가 느껴지는 조경이다.
04_ The RED로 특색을 살린 레스토랑, 모던 스타일의 건물 외관과 인테리어에 식욕을 돋우는 레드컬러의 점토벽돌, 붉은 단풍나무와 배롱나무 등으로 꾸민 입구다.
05_ 다양한 공연 및 축제를 즐길 수 있는 야외공연장, 강돌로 섬세하게 마무리한 구성진 담장이 시선을 끈다.

04

05

01_ 수공간과 맞닿게 설치한 여유로운 천연목재 데크, 테이블에 앉아 연못 풍경과 수변무대의 연주를 감상하기에 부족함이 없는 완상의 공간이다.

02_ 카페 전면에 넓게 펼쳐진 수공간, 넓은 수면 위로 하늘과 건물의 풍경이 반사되어 한층 더 깊이감 있는 경관미를 느낄 수 있는 거울못이다.

03_ 수면과 접해있는 테라스는 밖으로 시원스럽게 열린 정원과 주변 풍광을 한눈에 담을 수 있도록 최적화된 설계로 완성되었다.

04_ 카페 실내에 전면창을 설치하고, 천장은 플랜테리어로 자연미를 실어 안과 밖이 하나의 공간이 되도록 시각적인 개방감을 극대화했다.
05_ 블랙 앤 화이트의 모던하고 차분한 분위기의 카페이다.
06_ 겨울에도 따듯한 실내에서 워터가든의 시원함과 때로는 새하얀 백색의 설원 분위기를 느낄 수 있는 이색적인 힐링 공간이다.

정원 한쪽 구역에 조성한 텃밭에서 자라는 여러 가지 농작물과 묘목의 싱그러운 풍경은 정원에 또 하나의 볼거리다.

07 31,405㎡ 9,500 py

고양 포인트빌

북한산 절경이 병풍처럼 펼쳐진 숲 속 힐링정원

위 치 경기도 고양시 덕양구 북한산로 473-90
조 경 면 적 31,405㎡(9,500py)
조경설계·시공 포인트조경
취 재 협 조 포인트빌 T.02-352-2205

포인트빌은 파노라마처럼 펼쳐진 북한산의 웅장한 풍광과 잘 꾸며진 조경이 어우러져 찾는 이들의 심신을 편안하게 해주는 깊은 자연 속 카페다. 일반적으로 카페 하면 복잡한 도심 속을 떠올리지만, 이곳 포인트빌은 우선 주변 환경부터 여느 곳과는 사뭇 다른 특별함이 있다. 도심에서 가까운 북한산을 전면에 두고 사면이 숲으로 둘러싸인 노고산 자락에 비교적 넓은 규모의 정원과 현대식 복합문화공간이 함께 공존한다. 숲속 둥지에 깊숙이 자리 잡고 있어 외부 시선이 잘 와 닿지 않는 매우 조용하고 쾌적한 분위기의 포인트빌은 방문하는 이들에게 특별한 감흥을 안겨 떠난 뒤에도 여운이 남는 곳이다. 대문을 들어서면 목전에 파노라마처럼 펼쳐진 북한산 봉우리의 절경이 한눈에 들어와 감탄사와 함께 특별한 곳에 초대받은 듯한 기분이 든다. 특히 9천여 평의 넓은 대지 위에 조성한 조경은 여러 구역으로 나뉘어 잔디마당, 조경수와 초화류 정원, 법면 조경, 각종 채소와 묘목을 재배하는 텃밭 조경, 각 구역을 연결한 산책로 등이 짜임새 있게 구성되어 있어 실내 공간과 연계하여 복합문화공간으로써 인기가 높다. 또한, 북한산을 목전에 두고 넓게 자리 잡은 잔디마당, 율동감 있는 마사토 마당과 흙길이 자연스럽게 조성되어 있고, 넓은 텃밭 정원에서 자라는 여러 가지 농작물과 싱그러운 묘목들이 함께 어우러져 많은 볼거리를 제공하고 있다. 자연을 품에 안은 북한산의 차경이 매우 인상 깊게 다가오는 포인트빌은 카페, 하우스 웨딩, 워크숍, 세미나 및 각종 모임을 위해 최적화된 복합문화공간으로써 사계절 내내 북한산의 아름다운 절경을 감상하며 특별하고 소중한 추억을 남길 수 있는 숲속의 조용하고 아름다운 힐링 공간이다.

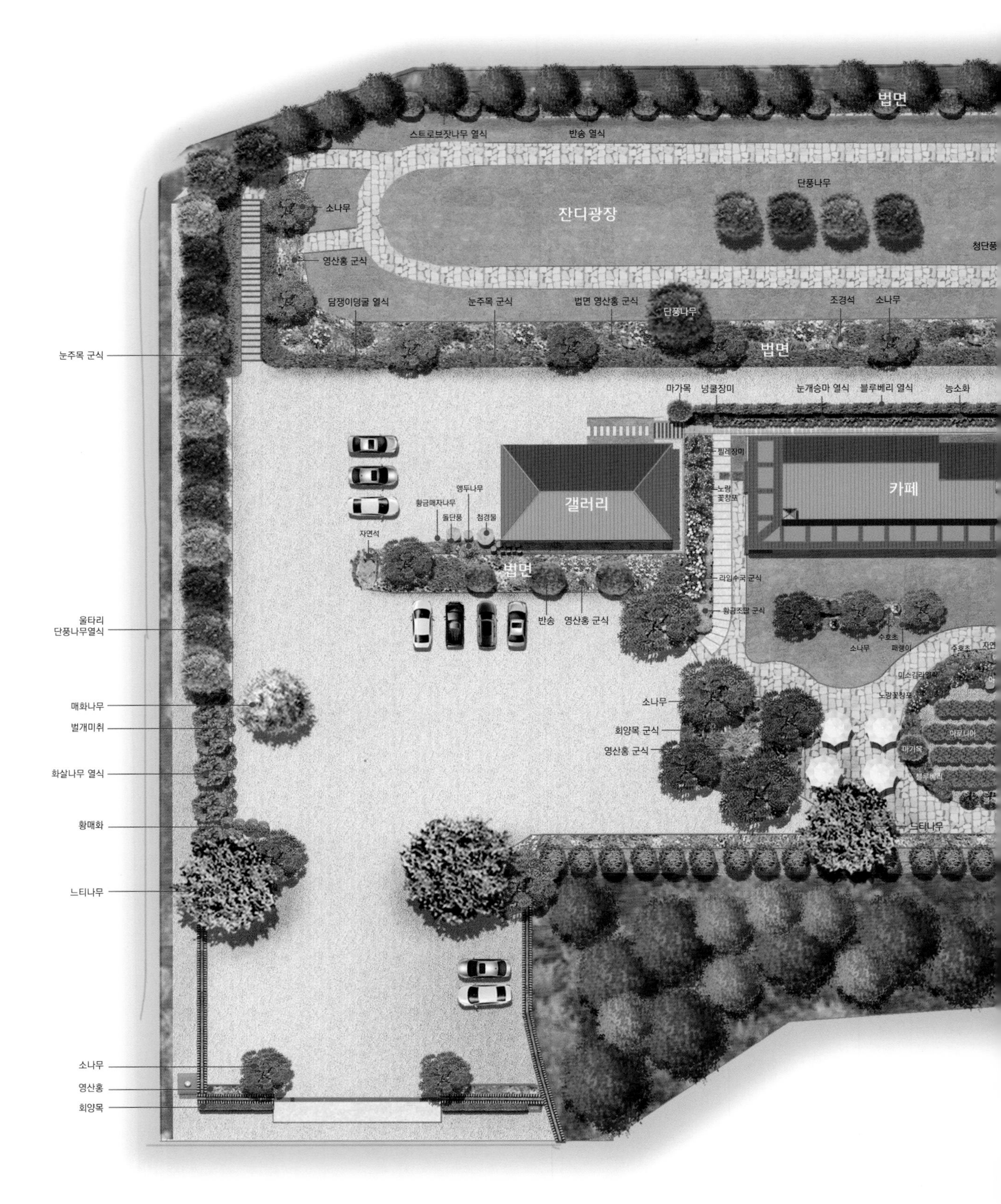

법면
스트로브잣나무 열식
반송 열식
단풍나무
잔디광장
청단풍
소나무
영산홍 군식
담쟁이덩굴 열식
눈주목 군식
법면 영산홍 군식
단풍나무
조경석
소나무
법면
마가목
넝쿨장미
눈개승마 열식
블루베리 열식
능소화
갤러리
카페
황금매자나무
돌단풍
자연석
법면
반송
영산홍 군식
소나무
회양목 군식
영산홍 군식
느티나무
눈주목 군식
울타리
단풍나무열식
매화나무
벌개미취
화살나무 열식
황매화
느티나무
소나무
영산홍
회양목

영산홍 군식
느티나무
만첩홍도
명자나무
굴참나무
불두화
금낭화
아이리스 열식
반송
느티나무
법면
단풍나무
단풍나무
능소화
향나무
병꽃나무
사철나무
알프스민들레
나팔꽃 아치
무늬비비추
자주달개비
비비추
불두화
돌단풍
낮달맞이꽃
배롱나무
마가목
두메부추
뽕나무
당귀
마가목
서양산딸기
잔디패랭이
나팔꽃 아치
수국
참나리
블랙커런트
장미
과실수 및 채소 재배 농원
블루베리
영산홍 열식
주목 열식
에메랄드그린 열식
주변 숲

N
W
E
S

주요 나무와 야생화 MAJOR TREE & WILD FLOWER

끈끈이대나물 여름, 6~8월, 붉은색
2년초로 윗부분의 마디 밑에서 점액이 분비된다. 이 때문에 '끈끈이대나물'이라 이름 붙었다.

노랑꽃창포 봄, 5~6월, 노란색
꽃의 외화피는 3개로 넓은 달걀 모양이고 밑으로 처지며, 내화피는 3개이며 긴 타원형이다.

담쟁이덩굴 여름, 6~7월, 녹색
덩굴손은 끝에 둥근 흡착근(吸着根)이 있어 돌담이나 바위 또는 나무줄기에 붙어서 자란다.

돌단풍 봄, 4~5월, 흰색
잎의 모양이 5~7개로 깊게 갈라진 단풍잎과 비슷하고 바위틈에서 자라 '돌단풍'이라고 한다.

만첩홍도 봄, 4~5월, 붉은색
중국 원산으로 키는 6m 정도이고 복숭아나무와 닮았으나 붉은색 꽃이 겹으로 피며 정원수로 기른다.

명자나무 봄, 4~5월, 붉은색
정원에 심기 알맞은 나무로 여름에 열리는 열매는 탐스럽고 아름다우며 향기가 좋다.

붓꽃 봄~여름, 5~6월, 보라색 등
약간 습한 풀밭이나 건조한 곳에서 자란다. 꽃봉오리의 모습이 붓과 닮아서 '붓꽃'이라 한다.

블루베리 봄, 4~6월, 흰색
잎살이 달걀꼴이며 여름부터 가을까지 진한 흑청색, 남색, 적갈색, 빨간색의 공모양의 열매가 익고 식용한다.

수호초 봄, 4~5월, 흰색
상록 다년초로서 원줄기가 옆으로 뻗는다. 정원을 꾸밀 때 바닥에 까는 지피식물로 이용한다.

앵두나무 봄, 4~5월, 흰색 등
앵도나무라고도 한다. 꽃은 흰색 또는 연한 붉은색이며 둥근 열매는 6월에 붉은색으로 익는다.

영산홍 봄, 4~5월, 홍자색·붉은색 등
반상록 관목으로 줄기는 높이 15~90cm이며 가지는 잘 갈라져 잔가지가 많고 갈색 털이 있다.

작약 봄~여름, 5~6월, 분홍색 등
줄기는 여러 개가 한 포기에서 나와 곧게 서고 꽃은 지름 10cm로 아름다워 원예용으로 심는다.

장미 봄, 5~9월, 붉은색 등
장미는 지금까지 2만 5천여 종이 개발되었고 품종에 따라 형태, 모양, 색이 매우 다양하다.

조팝나무 봄, 4~5월, 흰색
높이 1.5~2m로 꽃핀 모양이 튀긴 좁쌀을 붙인 것처럼 보이므로 조팝나무(조밥나무)라고 한다.

철쭉 봄, 4~5월, 흰색·붉은색 등
진달래와 달리, 철쭉은 독성이 있어 먹을 수 없는 '개꽃'으로 영산홍, 자산홍, 백철쭉이 있다.

패랭이꽃 여름~가을, 6~8월, 붉은색
높이 30cm 내외로 꽃의 모양이 옛날 사람들이 쓰던 패랭이 모자와 비슷하여 지어진 이름이다.

노랑꽃창포, 끈끈이대나물, 독일붓꽃 등을 혼합 식재한 풍성한 화단으로 카페 내부에서 바라보면 꽃밭 속에 앉아 있는 듯한 느낌이다.

01

01_ 주제목인 조형소나무를 요점식재하고 철쭉과 회양목 등 낮은 관목과 조경석으로 조화를 이룬 카페 전면의 조경이다.
02_ 리드미컬한 디자인의 넓은 정원과 사방을 둘러싼 자연경관이 어우러진 편안하고 조용한 분위기의 힐링 공간이다.
03_ 전면에 병풍처럼 펼쳐진 북한산과 조경이 하나의 풍경을 이룬 카페의 아름다운 전경이다.

02

03

04_ 정원 한 구역을 넓게 차지한 텃밭에는 각종 농작물과 묘목들이 싱그럽게 자라고 있다. 보고 느끼는 것만으로도 위로가 되는 조용하고 쾌적한 정원이다.
05_ 정원 주변으로 현무암 판석과 마사토 마당의 산책로가 율동감 있게 조성되어 있고, 곳곳에 휴식공간이 잘 마련되어 있어 편안하게 산책하며 휴식할 수 있다.
06_ 키 낮은 관목과 초화류 사이에 다양한 첨경물들을 놓아 볼거리를 제공한다.

01_ 화단에 석작품 오브제 하나 놓았을 뿐인데 시선을 끄는 강한 포인트가 되었다.
02_ 절정을 이룬 영산홍 축제 한 마당에 악기를 켜는 여인의 조각상은 금방이라도 음의 선율이 흘러나올 것만 같은 감흥을 준다.
03_ 나지막한 마운드에 소나무를 요점식재하고 영산홍, 회양목을 밀식하여 자연석과 조각상, 벤치 등으로 아기자기하게 연출한 화단이다.

04

04_ 포인트빌 건물 옥상에서 바라본 북한산의 절경이 생생한 한 폭의 그림처럼 다가온다.
05_ 2층 주택 계단 입구에 다양한 형태의 항아리를 놓아 장독대 겸 장식 효과로 정감 있는 정원 분위기를 연출했다.
06_ 경사 지형을 이용한 정원 설계로 건물 위쪽에는 법면 조경과 야외 행사를 위한 넓은 잔디마당이 시원스럽게 펼쳐져 있다.

05

06

01_ 카페 입구에 들어서면 갤러리 앞마당에 배치한 독특한 형태의 대형 석작품이 가장 먼저 방문객들의 시선을 모은다.
02 사방이 산과 숲으로 둘러싸인 천혜의 자연환경과 아름다운 조경은 더할 나위 없는 녹색의 싱그러움과 풍성함으로 방문객들의 마음에 위안을 안겨준다.
03_ 건물 뒤 경사면에 보강토블럭 옹벽을 쌓고 능소화와 눈개승마를 열식하였다.

04. 05_ 삼각으로 우뚝 서 삼각산이라 불리는 북한산 최고 봉우리인 백운대와 인수봉, 만경대의 진풍경을 오롯이 끌어안은 탁 트인 잔디마당, 야외 결혼식장으로도 이용하는 공간이다.
06_ 참나무 아래에 호박돌로 하트 모양의 화단을 꾸며 나무를 보호하고 시각적인 장식 효과도 냈다.
07_ 단조 대문과 전통기와 석담, 현대와 전통 요소를 조화롭게 접목해 디자인한 차분한 분위기의 카페 입구 전경이다.

04

05

06

07

01

02

03

04

01_ 브라운 톤의 목재와 모노톤의 석재로 꾸민 중후하고 고급스러운 분위기의 카페 내부 모습이다.

02. 03_ 공간의 여백미를 준 넓은 마사토 산책로에 자연을 감상하며 차를 즐길 수 있는 다양한 야외 테이블들이 곳곳에 놓여 있어 편리하게 이용한다.

04_ 창밖에 우뚝 솟은 북한산 봉우리의 진풍경을 감상하며 마시는 차 한 잔의 즐거움은 포인트빌 카페에서만 얻을 수 있는 마음의 선물이다.

05_ 북한산의 차경과 정원의 아름다운 풍경을 고스란히 담은 중후하고 격조 있는 분위기의 카페 홀, 차 한 잔의 여유로 마음의 위로을 받는 힐링 공간이다.

06_ 경사진 천장에 천창을 내어 실내는 차분하면서도 밝은 분위기를 유지하고 있다.

06

05

실내 해수풀을 갖춘 오션뷰 리조트와 어우러진 조경. 소나무, 반송, 배롱나무, 공작단풍 등 절제된 식재로 공간미를 강조한 조경이다.

08 13,884㎡ 4,200py

인천 선재해림

탁 트인 바다 풍광과 조화를 이룬 풀빌라 평면 조경

위 치	인천광역시 옹진군 영흥면 선재리 521-33
조경면적	13,884㎡(4,200py)
조경설계·시공	조경나라꽃나라
취재협조	㈜선재해림 T.032-880-1688

대부도와 영흥도 사이에 있는 선재해림은 거칠 것 없이 탁 트인 바다 전망과 함께 정원에 설치한 풀장과 실내의 천연 해수 온수풀을 경험할 수 있는 고품격 풀빌라 리조트이다. 최근 인지도가 높아지고 있는 풀빌라는 여행지 숙소로 해외뿐 아니라 국내에서도 선호하는 추세다. 가족, 친구, 연인 등과 함께 수영장이 갖춰진 개별 공간에서 자신들만의 특별함이 깃든 편안한 휴식을 취할 수 있기 때문이다. 충분한 크기의 개인 풀이 빌라 내에 설치되어 있어 언제든지 수영을 즐길 수 있다는 장점이 있다. 바다가 휴식이 되는 곳, 그곳에 유유히 자리를 빛내고 있는 선재해림은 밀려오는 파도처럼 새하얀 객실에 앉아서도 오감으로 바다를 느끼는 호사를 누릴 수 있다. 넓은 대지 위의 조경도 시원스럽게 잘 조성되어 있다. 대지 양 사이드에 객실을 배치하고 중앙을 과감하게 비워 잔디마당과 해수풀장만으로 채운 점이 이곳 조경의 주목할만한 특징이다. 바다로 이어지는 시야가 방해받지 않도록 공간미를 최대한 살리고 수목도 낮은 소관목 위주의 절제된 식재로 개방감을 최대한 실었다. 최근 트렌드를 반영한 감성 건축, 정원과 해안가 주변의 산책로, 그리고 독특한 멋의 조경시설물들이 잘 배치되어 있어 여유롭게 인생 샷을 남기기에 그만이다. 또한, 정원 한쪽에 특별히 마련해 놓은 캬라반 야영장에서는 가족이나 친구, 연인들끼리 방문하여 캬랴반 숙소에서 머무는 특별한 공간 체험도 즐길 수 있다. 자연에 대한 순수한 갈증이 점점 고조되고 있는 요즘이다. 도시 지근거리에 국내 최고의 풀빌라 시설을 갖추고 대자연의 바다 풍광과 조경이 함께 공존하는 선재해림은 자연과 호흡하며 사람의 마음에 위로를 주는 보다 현실적인 공간으로써 진정한 힐링처가 되고 있다.

은사초
비비추
배롱나무
미스김라일락
이팝나무
화이트핑크섹릭스
자엽자두
철쭉
섬잣나무(오엽송)
배롱나무
홍가시나무
비비추
풀빌라
배롱나무 열식
향나무
그네
배롱나무
에메랄드골드
황금조팝나무
에메랄드그린
공작단풍
소나무
라임라이트수국
황금측백
소나무
제라늄
눈향나무
꽃잔디
소나무
철쭉 열식
반송 열식
미니배롱나무
남천 열식
청단풍
벚나무
수영장
꽃잔디
군식
홍단풍
패랭이 군식
라임라이트수국
배롱나무 남천 군식
라임라이트수국
매자나무
배롱나무
숙박동
소나무
향나무
화살나무
사철나무 열식
측백나무

N
E
S
W

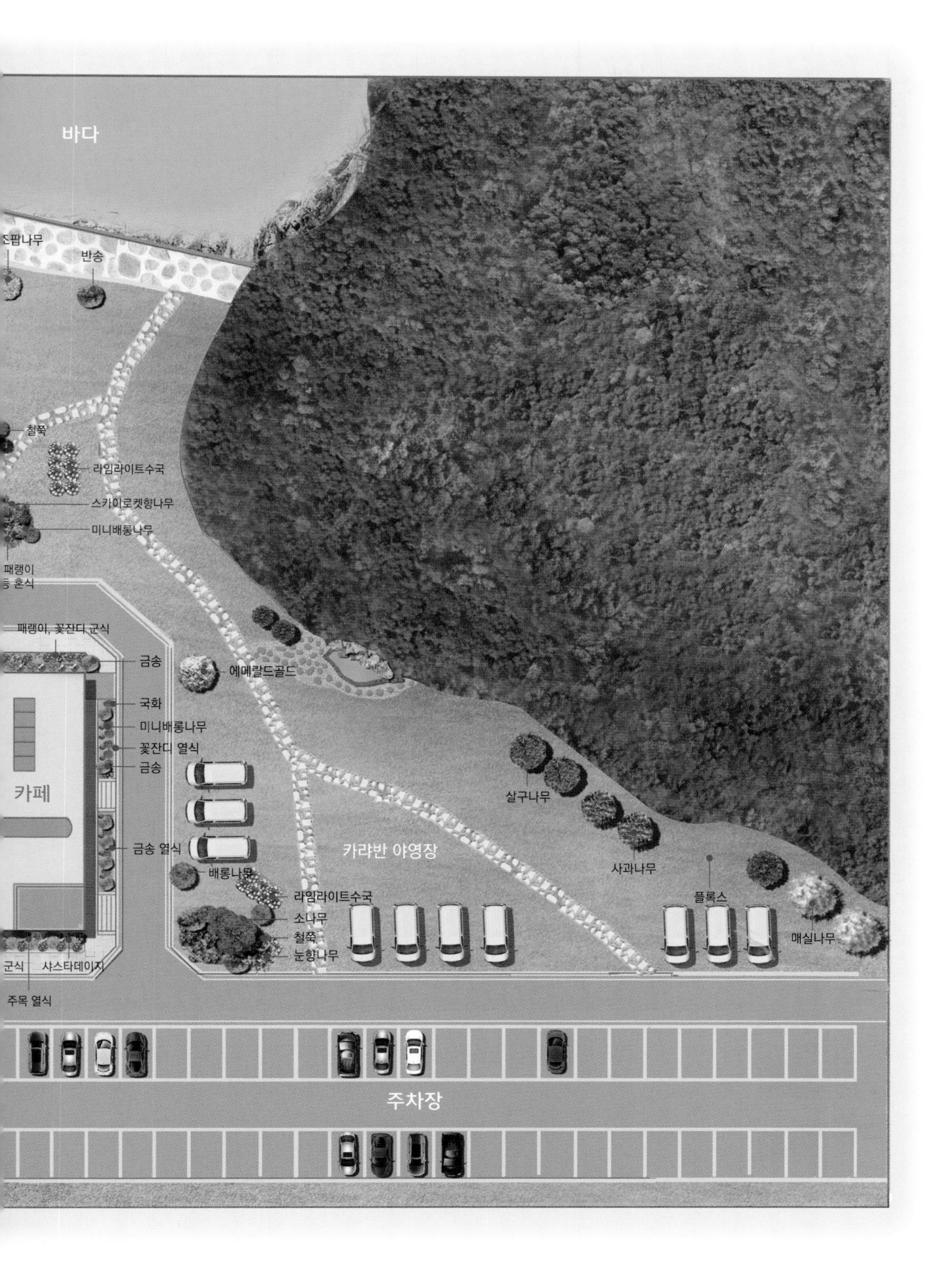
바다
반송
철쭉
라임라이트수국
스카이로켓향나무
미니배롱나무
패랭이, 꽃잔디 군식
금송
에메랄드골드
국화
미니배롱나무
꽃잔디 열식
금송
카페
금송 열식
배롱나무
라임라이트수국
소나무
철쭉
눈향나무
샤스타데이지
주목 열식
카라반 야영장
살구나무
사과나무
플록스
매실나무
주차장

주요 나무와 야생화 MAJOR TREE & WILD FLOWER

공작단풍/공작단풍 봄, 5월, 붉은색
잎이 7~11개로 갈라지고 갈라진 조각이 다시 갈라지며 잎은 가을에 아름다운 빛깔로 물든다.

금송 봄, 3~4월, 연노란색
잎 양면에 홈이 나 있는 황금색으로 마디에 15~40개의 잎이 돌려나서 거꾸로 된 우산 모양이 된다.

꽃잔디 봄~여름, 4~9월, 진분홍·보라·흰색
멀리서 보면 잔디 같지만, 아름다운 꽃이 피기 때문에 '꽃잔디'라고도 하며, '지면패랭이꽃'이라고도 한다.

남천 여름, 6~7월, 흰색
과실은 구형이며 10월에 붉게 익는다. 단풍과 열매도 일품이어서 관상용으로 많이 심는다.

라임수국 여름~가을, 7~10월, 연녹색·백색 등
꽃이 대형 원추꽃차례로 개화 초기에는 연녹색을 띠다 백색으로 변하고 가을에는 연분홍을 띤다.

배롱나무/백일홍/간지럼나무 여름, 7~9월, 붉은색 등
100일 동안 꽃이 피어 '백일홍' 또는 나무껍질을 손으로 긁으면 잎이 움직인다고 하여 '간지럼나무'라고도 한다.

비비추 여름, 7~8월, 보라색
꽃은 한쪽으로 치우쳐서 총상으로 달리며 화관은 끝이 6개로 갈래 조각이 약간 뒤로 젖혀진다.

사계국화 봄, 4~5월, 연보라·분홍색
호주가 원산지이고 국화과의 여러해살이풀로 사계절 쉼 없이 핀다고 해서 사계국화라 한다.

스카이로켓향나무 봄, 4월, 노란색
나무에 은빛이 나는 로켓 모양의 독특한 수형을 지녀 가로수, 공원수 및 생울타리로 많이 심는다.

이팝나무 봄, 5~6월, 흰색
조선시대에 쌀밥을 이밥이라 했는데 쌀밥처럼 보여 이밥나무라 불리다가 이팝나무로 변했다.

자엽자두 봄, 4월, 흰색
'오얏나무'라고도 하며 열매는 원형 또는 구형으로 자연생은 지름 2.2cm, 재배종은 7cm에 달한다.

제라늄 봄~가을, 4~10월, 적색·흰색 등
원산지는 남아프리카이고, 다년초로 약 200여 변종이 있으며 꽃은 색과 모양이 일정하지 않게 핀다.

패랭이꽃/석죽 여름~가을, 6~8월, 붉은색
높이 30cm 내외로 꽃의 모양이 옛날 사람들이 쓰던 패랭이 모자와 비슷하여 지어진 이름이다.

홍가시나무 봄~여름, 5~6월, 흰색
정원이나 화단에 심어 기르는 상록성 작은 키 나무로 잎이 날 때 붉은색을 띠므로 홍가시나무라고 한다.

화살나무 봄, 5월, 녹색
많은 줄기에 많은 가지가 갈라지고 가지에는 화살의 날개 모양을 띤 코르크질이 2~4줄이 생겨난다.

화이트핑크셀릭스 봄, 5~7월, 분홍색
우리말로 표현하면 흰색·분홍색 버드나무란 뜻으로 꽃이 아니며 잎이 계절별로 변하는 수종이다.

01_ 현대적 감성의 풀빌라 노출콘크리트 건물에 자연의 색으로 시각적인 편안함과 위안을 주는 말끔하게 정돈된 간결한 분위기의 조경이다.
02_ 단조로운 잔디마당에 고강도 조경블록으로 자유롭게 이용할 수 있도록 꾸민 휴식공간이다.
03_ 바다 풍광과 나지막한 야산, 조경이 함께 어우러진 자연 공간의 여유로움을 누릴 수 있는 곳이다.

01_ 오션뷰 객실 후면에 공들여 조성한 조경시설물로 건물과 조화를 이룬 공간미를 나타낸다.
02_ 고강도 조경블록으로 높낮이에 변화감을 주어 연출한 미니벽천과 연못, 파이어피트(Fire fit)를 포인트로 아기자기하게 꾸민 휴식공간이다.
03_ 자연미, 경관성, 시공성, 경제성, 친환경성을 두루 갖춘 조경블록은 직선뿐만 아니라 곡선까지 다양한 형태의 디자인을 자유롭게 연출하여 시공할 수 있다.
04_ 정원 한쪽에 캠프파이어나 바비큐 파티를 할 수 있도록 원형 파이어피트가 마련되어 있다.

05_ 노출콘크리트 풀빌라 뒤뜰에 조경블럭으로 만든 미니연못과 석가산을 본 떠 만든 첨경물을 배치하여 정원의 밋밋함을 보완하였다.
06_ 정원뷰 객실과 중앙의 카페 건물, 수영장 등이 어우러진 전경이다.

01_ 시원스럽게 열린 바다를 배경으로 멋진 인생샷을 남길 수 있도록 연출한 석가산 포토존이다.
02_ 자연과 교감하는 석가산을 배치하고 바위틈에 낮은 관목들과 화초를 심어 대자연의 풍광을 연출했다.
03_ 규격화한 장방형 판석의 디딤돌을 걷다 보면 문얼굴에 드러난 바다풍경과 마주하게 되는 특색있는 분위기를 경험하게 된다.

04, 06_ 바다 전망과 이어지는 중앙의 넓은 공용 풀장.
천연 암반수의 청정해수를 공급하여 여름철 시원하게 물놀이를
즐길 수 있는 곳이다.
05_ 경사지에 괴석으로 연출한 폭포로 한여름 시원함과 함께
볼거리를 제공하고 있다.
07_ 나지막한 야산을 배경으로 둔 잔디정원에 산책로가 나 있어
사색하며 정원 산책을 즐길 수 있다.

04

05

06

07

01_ 선재해림은 넓은 공간에 탁 트인 개방감이 특징이다. 바다의 풍광을 오감으로 느낄 수 있도록 공간미를 강조한 조경연출이다.
02_ 고강도 조경블록 미니화단으로 넓은 잔디마당 곳곳에 포인트를 주어 단조로움을 보완하였다.
03_ 오션뷰 객실과 마주한 정원뷰 객실 전경. 건물마다 미니화단을 만들어 배롱나무와 관목류, 초화류를 심었다.
04_ 셀렉토 카페 건물과 중앙의 잔디광장, 정원뷰 객실이 어우러져 시원한 공간감을 자랑하는 선재해림이다.
05_ 현대적인 편의시설을 갖춘 카페와 레스토랑 건물이다. 객실 안의 해수풀에서 특별한 경험을 하고 나와 차 한 잔의 여유를 누릴 수 있는 곳이다.
06_ 바다까지 이어진 시원한 개방감과 현대적 분위기의 세련된 인테리어로 분위기를 낸 카페이다.
07_ 카페와 레스토랑, 마트 등 편의시설을 잘 갖추고 있어 대자연과 함께 호흡하며 편안하게 머물 수 있는 곳이다.

Haelim Restaurant
선재해림
ALL SUITES POOL VILLA
SELECTO COFFEE
Mart
05

06

07

화단보호

탁 트인 북한강 뷰를 한눈에 조망할 수 있는 1층 테라스 미니정원.
목재데크와 인조잔디로 실용성 있게 꾸민 편안한 휴식공간이다.

09 326 ㎡ 99 py

양평 투썸플레이스 서종리버사이드점

북한강 뷰를 고스란히 담은 테라스 위의 미니정원

위 치	경기 양평군 서종면 북한강로 983
조 경 면 적	326㎡(99py)
조경설계·시공	건축주 직영
취 재 협 조	투썸플레이스 서종리버사이드점 T.031-772-1104

서울에서 경기도와 강원도로 이어지는 경계선에 있는 양평은 도심지를 벗어나 한적한 곳에서 레저를 즐기거나 한강 뷰를 바라보며 차 한 잔의 여유를 만끽하고 싶은 사람들에게 인기 있는 곳이다. 투썸플레이스 서종리버사이드점은 이런 사람들의 욕구를 충족하기에 부족함이 없다. 기존의 투썸 하면 떠오르는 복잡한 도심 속 이미지와는 완연히 다른 교외의 여느 카페와 다름없는 색다른 분위기를 띤다. 건축 디자이너의 예술성으로 빚어진 4층 현대식 노출콘크리트 건물에 넓은 주차 공간, 층마다 다른 느낌을 주는 세련된 인테리어 등, 편안하게 앉아 차 마시기에 좋은 공간이 두루 잘 갖춰져 있다. 그중에서도 조경과 어우러진 1층 테라스 공간은 가까이에서 북한강 뷰를 마음껏 조망할 수 있어 방문객들에게 언제나 인기가 많은 곳이다. 조경 면적은 그다지 넓지 않지만, 1층 테라스에 데크와 인조잔디를 깔고 아담한 미니정원을 아기자기하게 꾸미는 등 나름대로 특색 있는 공간 덕에 테라스의 고즈넉한 분위기는 한 층 더 살아난다. 기존 테라스 위에 있던 느티나무 둘레에는 벤치를 설치해 휴식공간으로 꾸몄다. 루프탑 조경이 조성된 4층에 오르면 멀리 내려다보이는 탁 트인 북한강 뷰를 더욱 시원하게 감상할 수 있다. 실내 이곳저곳에 다양한 대형 화분들을 놓아 장식한 플랜테리어로 카페는 더욱 자연스럽고 편안한 분위기를 자아낸다. 한적한 시간대를 이용해 노부부들이 차 한잔하며 책을 읽는 모습이 자주 눈에 띄는 곳, 어떤 투썸은 너무 시끌벅적 요란스러워 빨리 벗어나고 싶은 곳도 있지만, 이곳 투썸플레이스는 마치 내 집 앞에 꾸민 정원에 앉은 듯한 편안한 마음으로 조용히 흐르는 강물에 동화되어 오래도록 머물고 싶은 차분한 감성 공간이다.

벚나무
이팝나무
느티나무
에메랄드그린 생울타리
돌단풍
천리향
수호초
조명
펑의비름
말발도리
비단삼나무(블루바드)
2층 발코니

느티나무
톱풀
바위세덤
수국
독일붓꽃
돌나물
목단
불두화
베로니카
천리향
해당화
황금조팝
기린초
노랑무늬풍지초
공작단풍
수국
노랑무늬풍지초
마사토 화단
아이리스
향나무 블루아이스
철쭉
옥상 조경
배롱나무
주목
능소화
입구

W
N
S
E

주요 나무와 야생화 MAJOR TREE & WILD FLOWER

기린초 여름~가을, 6~9월, 노란색
줄기가 기린 목처럼 쭉 뻗는 기린초는 아주 큰 식물이 아닐까 생각되지만 키는 고작 20~30㎝ 정도이다.

꼬리풀 여름, 7~8월, 보라색
다년초로 높이 40~80cm이고 줄기는 조금 갈라지며 위를 향한 굽은 털이 있고 곧게 선다.

느티나무 봄, 4~5월, 노란색
가지가 고루 퍼져서 좋은 그늘을 만들고 벌레가 없어 예로부터 마을 입구에 정자나무로 가장 많이 심었다.

독일붓꽃 봄~여름, 5~6월, 보라색 등
유럽 원산의 여러해살이 식물로 한국에 자생하는 붓꽃속 식물과 비교하면 꽃이 큰 편이다.

돌나물 봄~여름, 5~7월, 노란색
줄기는 옆으로 뻗으며 각 마디에서 뿌리가 나온다. 어린 줄기와 잎은 김치를 담가 먹는다.

돌단풍 봄, 4~5월, 흰색
잎의 모양이 5~7개로 깊게 갈라진 단풍잎과 비슷하고 바위틈에서 자라 '돌단풍'이라고 한다.

말발도리 봄~여름, 5~6월, 흰색
열매가 말발굽 모양을 하고 있고 꽃잎과 꽃받침조각은 5개씩이고 수술은 10개이며 암술대는 3개이다.

모란 봄, 5월, 붉은색
목단(牧丹)이라고도 한다. 꽃은 지름 15cm 이상으로 크기가 커서 화왕으로 불리기도 한다.

명자나무 봄, 4~5월, 붉은색
정원에 심기 알맞은 나무로 여름에 열리는 열매는 탐스럽고 아름다우며 향기가 좋다.

불두화 여름, 5~6월, 연초록색·흰색
꽃의 모양이 부처의 머리처럼 곱슬곱슬하고 4월 초파일을 전후해 꽃이 만발하므로 불두화라고 부른다.

산수국 여름, 7~8월, 흰색·하늘색
낙엽관목으로 높이 약1m이며 작은 가지에 털이 나고 꽃은 가지 끝에 산방꽃차례로 달린다.

섬백리향 여름, 6~7월, 분홍색
가지를 많이 내며 땅 위로 벋는다. 어린나무는 포기 전체에 흰 털이 나고 향기가 강하다.

에메랄드그린 봄, 4~5월, 연녹색
침엽상록 교목으로 서양측백나무의 일종. 에메랄드골드와는 달리 잎은 늘 푸른 녹색을 띤다.

톱풀 여름~가을, 7~10월, 흰색
잎이 어긋나고 길이 6~10cm로 양쪽이 톱니처럼 규칙적으로 갈라져 '톱풀'이라고 한다.

풍지초 가을, 9월, 흰색
30~50㎝ 크기의 여러해살이풀로 작은 바람에도 흔들거리며, 바람을 가장 먼저 감지한다고 하여 붙여진 이름이다.

해당화 봄, 5~7월, 붉은색
바닷가 모래땅에서 자란다. 높이 1~1.5m로 가지를 치며 갈색 가시가 빽빽이 나고 털이 있다.

01

01_ [illegible] 층 실내는 플랜테리어로 실내정[illegible]은 자연스러운 분위기를 연출[illegible].

02_ [illegible]에서 내려다본 북한강의 풍광[illegible]유리난간 주변으로 미니 화단[illegible]하여 분위기를 더했다.

03_ [illegible]유[illegible] 벽을 통해 밖의 풍광을 시원[illegible]조망할 수 있는 별관 1층 실내[illegible]

02

03

01_ 다양한 야생화와 자연석, 마사토로 멀칭하여 개성있게 연출한 화단이 테라스 위의 고즈넉한 감성적 분위기를 더해준다.
02_ 루프탑에서 내려다본 테라스 전경, 뛰어난 북한강의 조망감으로 가장 인기 있는 곳이다.
03_ 별관 1층 카페 실내, 실내·외 어디서나 북한강 뷰를 조망하며 차를 마시기에 부족함이 없는 다양한 공간이 마련되어 있다.

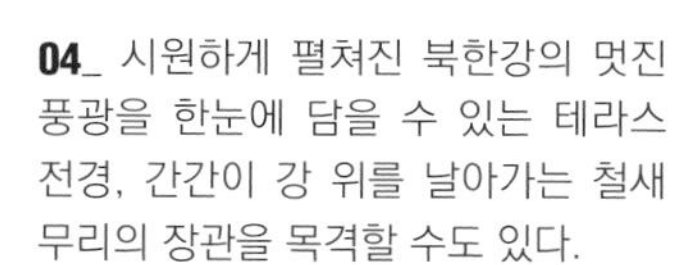

04_ 시원하게 펼쳐진 북한강의 멋진 풍광을 한눈에 담을 수 있는 테라스 전경, 간간이 강 위를 날아가는 철새 무리의 장관을 목격할 수도 있다.

05, 06_ 시끌벅적한 도심 속 투썸의 이미지와는 사뭇 다른 자연과 조경이 공존하는 여유롭고 차분한 분위기의 카페다.

01, 03, 04_ 미니화단에는 다양한 종류의 야생화가 계절 따라 아름답게 피고 지며 테라스를 화사하게 장식한다.
02_ 작지만 돌과 식물을 작품성 있게 연출하여 감상미가 있는 테라스 화단이다.

01

02

03

04

05_ 본관과 별관 사이의 주출입구로 주문 제작하여 만든 철제 출입문의 작품성이 돋보인다.
06_ 별관 2층 테라스 휴게 공간, 층마다 다양한 종류의 대형 화분으로 꾸민 플랜테리어는 실내를 더욱 편안하고 자연스러운 분위기로 유도한다.
07_ 기존의 느티나무 주변을 목재로 감싸 플랜트 화단 겸 벤치로 유용하게 활용하고 있다.

01_ 북한강 전망을 마주 보고 자리한 투썸, 테라스와 강변 산책로를 계단으로 연결하여 언제든지 강가로 나가 강변 산책을 할 수 있다.
02_ 말끔하게 잘 포장된 강변 산책로, 투썸을 찾는 방문객들에겐 강변의 여유로운 분위기도 함께 만끽할 수 있는 곳이다.
03_ 주차장과 테라스가 있는 건물 측면 경계에 가리막용으로 식재한 에메랄드그린 생울타리다.
04_ 북한강 한복판을 질주하는 수상스키어들의 역동적인 모습은 방문객들에겐 또 하나의 볼거리다.
05_ 드론촬영한 투썸의 상공 전경, 양평은 투썸을 비롯하여 주변에 다양한 음식점과 레저를 즐길 수 있는 명소들이 많아 여유를 즐기려는 사람들이 많이 찾는 곳이다.

06_ 본관 2층 실내, 어느 곳에서나 북한강의 뛰어난 조망감을 자랑한다.
07_ 투썸이지만 여느곳과는 다른 분위기와 조망감으로 차별화가 느껴지는 1층 카운터 전경이다.
08, 09_ 건축 디자이너의 예술성이 돋보이는 현대식 노출콘크리트 건물, 별관과 본관, 넉넉한 주차장, 그리고 북한강의 아름다운 풍광을 자랑하는 투썸플레이스다.

대왕참나무라의 이름을 붙인 핀오크의 넓고 오래된 정원에는 창의적이고 이색적인 조경물들이 눈길을 끈다.

10 | 3,435 ㎡ | 1,039 py

강화 핀오크

친환경 조경 요소를 결합한 이색적인 비밀의 정원

위치	인천광역시 강화군 길상면 장흥로 185-9
조경면적	3,435㎡(1,039py)
조경설계·시공	한수그린텍
취재협조	핀오크 카페 T.032-937-5159

핀오크는 도시녹화사업 전문 조경업체인 한수그룹이 1988년부터 30년이 넘게 꾸준히 가꾸어 온 강화도 길상산 자락 아래 비밀의 정원에 자리하고 있다. 카페 주인장의 부친이 오랜 세월 친환경 조경전문가로 일해 오면서 조성한 정원이라 구석구석 전문가의 안목이 느껴지는 수준 높은 정원 풍경은 마치 숨겨놓은 보물이라도 발견한 듯 보는 이들에게 감동을 준다. 그동안 조경사업을 위한 시험장이나 제품 전시를 위한 목적 외에 일반인들에게는 잘 공개하지 않았던 특색있는 조경시설들을 많은 사람과 함께 공유하고 싶어 하는 부친의 뜻에 따라 자녀가 뒤를 이어 운영하는 카페다. 조경에 대한 전문지식과 기술, 특화된 다양한 조경시스템을 적용하여 조성한 생태연못을 주요 테마로 건물 디자인부터 메뉴 선정에 이르기까지 고객들의 감성과 감동을 끌어내기 위한 주인장의 세심한 노력과 정성이 느껴진다. 마치 어느 멋진 휴양지에 와 있는 듯한 분위기에서 시원한 물소리와 함께 아름다운 정원 풍경을 감상하며 편안한 휴식을 취할 수 있도록 카페 전면의 넓은 데크에는 선베드와 테이블이 비치되어 있다. 카페 주변에는 연신 시원한 물줄기를 뿜어내는 벽천과 생태연못, 가을 정원의 암석원, 벽면 조경 등 다채로운 분위기의 조경이 조성되어 있어 둘러보는 즐거움이 크다. 특히, 물의 순환구조가 잘 이루어지고 있는 연못 구역은 수생식물들과 물고기가 살 수 있는 자연적인 생태환경이 잘 형성되어 있어 정원의 분위기는 더욱 살아난다. 편안하게 거닐 수 있는 우드블록 산책로와 주변의 다양한 식물군, 목제 플랜트 등 친환경적인 요소를 포괄적으로 선보이는 조경은 격조 높게 꾸민 조용하고 편안한 힐링 카페의 숨어 있던 보석들이다.

배나무 화분
단풍나무 화분
철쭉
수수꽃다리
단풍나무
홍자단
풍지초
억새
낙상홍
대왕참나무
돌단풍 재배
카페
꽃창포 군식
돌단풍 군식
갯버들
사과나무
이동식 화단
낙우송 군식
대왕참나무
지도형태 화단
은쑥 플랜트
수로
벽천
파고라
야외행사용
다육식물
테이블세트
산딸나무
황금조팝
호스타
화살나무 열식
개오동나무
보리수
정자
자작나무
다육식물 화단
아그배나무
연못
꽃창포
억새 군식
낙우송 군식
소나무
대왕참나무
버드나무
낙우송
낙우송
단풍나무

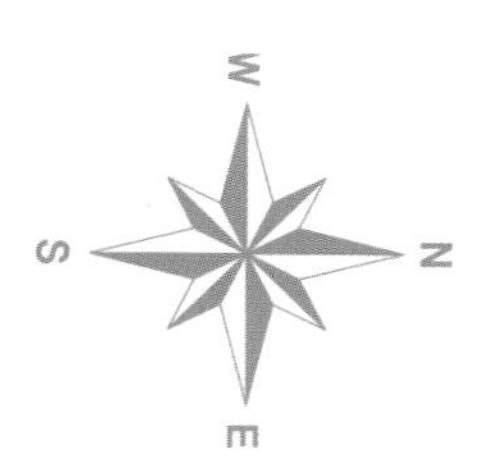
W
S
N
E

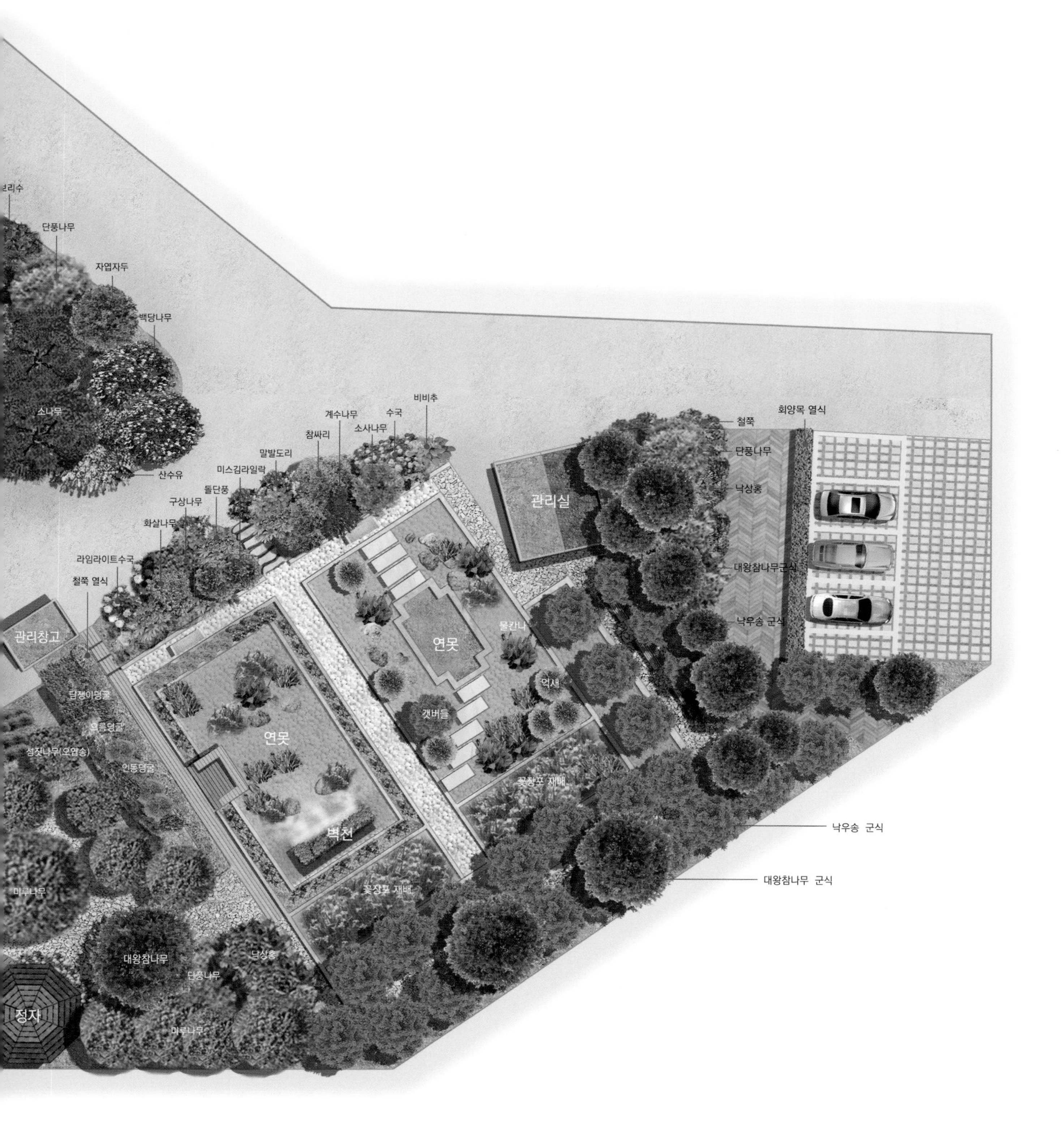
단풍나무
자엽자두
백당나무
소나무
산수유
계수나무
수국
비비추
소사나무
참싸리
말발도리
미스김라일락
돌단풍
구상나무
화살나무
라임라이트수국
철쭉 열식
관리창고
관리실
철쭉
회양목 열식
단풍나무
낙상홍
대왕참나무군식
낙우송 군식
연못
물칸나
억새
갯버들
연못
벽천
꽃창포 재배
꽃창포 재배
낙우송 군식
대왕참나무 군식
대왕참나무
낙상홍
단풍나무
정자

주요 나무와 야생화 MAJOR TREE & WILD FLOWER

꽃잔디 봄~여름, 4~9월, 진분홍·보라·흰색
멀리서 보면 잔디 같지만, 아름다운 꽃이 피기 때문에 '꽃잔디'라고도 하며, '지면패랭이꽃'이라고도 한다.

노랑꽃창포 봄, 5~6월, 노란색
꽃의 외화피는 3개로 넓은 달걀 모양이고 밑으로 처지며, 내화피는 3개이며 긴 타원형이다.

돌단풍 봄, 4~5월, 흰색
잎의 모양이 5~7개로 깊게 갈라진 단풍잎과 비슷하고 바위틈에서 자라 '돌단풍'이라고 한다.

말발도리 봄~여름, 5~6월, 흰색
열매가 말발굽 모양을 하고 있고 꽃잎과 꽃받침조각은 5개씩이고 수술은 10개이며 암술대는 3개이다.

매발톱꽃 봄, 4~7월, 자갈색 등
꽃잎 뒤쪽에 '꽃뿔'이라는 꿀주머니가 매의 발톱처럼 안으로 굽은 모양이어서 이름이 붙었다.

미루나무 봄, 3~4월, 녹색
아름다운 버드나무란 뜻으로 '미류(美柳)나무'라고 부르던 것이 국어 맞춤법 표기에 맞추어 '미루나무'가 되었다.

바늘잎참나무 봄, 4~5월, 노란색
'대왕참나무'라고도 하며 수형이 피라미드 모양을 이루고 가을에 단풍이 아름다워 관상수로 심는다.

바위솔 가을, 9월, 흰색
모양이 소나무의 열매인 솔방울과 비슷하고 바위에서 잘 자라기 때문에 '바위솔'이라고 부른다.

사과나무 봄, 4~5월, 흰색
열매는 꽃받침이 자라서 되고 8~9월에 붉은색으로 익는데 황백색 껍질눈이 흩어져 있다.

억새 가을, 9월, 자주색
뿌리줄기가 땅속에서 옆으로 퍼지며, 칼 모양의 잎은 가장자리에 날카로운 톱니가 있다.

은쑥 봄~여름, 5~7월, 노란색
일본 원산인 국화과 다년생 식물로 처음에는 녹색을 띠지만 은회색으로 점차 변한다.

팥꽃나무 봄, 3~5월, 자주색
꽃은 지름 10~12mm로 잎보다 먼저 피는데 묵은 가지 끝에 3~7개가 우산 모양으로 모여 달린다.

풍지초 가을, 9월, 흰색
30~50㎝ 크기의 여러해살이풀로 작은 바람에도 흔들거리며, 바람을 가장 먼저 감지한다고 하여 붙여진 이름이다.

할미꽃 봄, 4~5월, 자주색
흰 털로 덮인 열매의 덩어리가 할머니의 하얀 머리카락같이 보여서 '할미꽃'이라는 이름이 붙었다.

화살나무 봄, 5월, 녹색
많은 줄기에 많은 가지가 갈라지고 가지에는 화살의 날개 모양을 띤 코르크질이 2~4줄이 생겨난다.

황금줄무늬사사 여름, 5~7월, 노란색
15~20cm 크기로 상록성으로 잎이 아름답고 군식의 효과가 뛰어나 조경용으로 많이 이용한다.

오염된 물을 정화하는 기능을 갖추고 있는 9.5m×15.5m 장방형의 생태연못으로 수질 정화용 식물과 목재 시설물에 오브제를 결합해 연출한 물정원이다.

01_ 카페 테라스에는 선베드와 테이블이 놓여있고, 주변에 벽천과 생태연못, 개울 등 수공간이 자연스럽게 조성되어 있어 물소리를 들으며 휴양지 같은 분위기를 즐길 수 있다.
02_ 카페 주변에는 시설물을 결합한 다양한 조경물들이 배치되어 있고, 우드블록 마당에는 키 낮은 세덤류로 심어 장식한 특색있는 야외테이블이 놓여 있어 모임과 파티를 위한 공간으로 활용한다.

03

03_ 방부 처리한 우드블록은 산림청 산하 국립과학원의 까다로운 시험 및 검사를 거쳐 우수제품으로 적합 판정을 받은 제품이다.
04_ 초록빛의 수목과 풍경을 바라보며 사색하기 좋은 조용한 분위기의 카페이다.

04

01_ 생태복원 및 도시녹화사업을 위해 목재 시설물과 결합하여 창작한 다양한 조경물들이 정원 곳곳을 풍성하게 장식한다.
02_ 낙우송을 배경으로 벤치를 겸한 목재플랜트에 풍지초를 풍성하게 길러 보는 즐거움이 있다.
03_ 통나무집 주변에 수변구역을 조성하고 조경수과 수생식물, 세덤류 등으로 조화롭게 연출한 그림 같은 풍경이다.

04_ 카페의 상징수로 대왕참나무라는 우리 이름을 가진 핀오크(Pin Oak)는 피라미드 모양의 수형과 단풍이 아름다운 나무이다.
05_ 자란 그대로 바늘잎참나무(대왕참나무) 그늘 아래 데크를 깔고 난간을 두른 원형 벤치를 운치 있게 설치하였다.
06_ 사방이 열려 있는 파고라에 원형 테이블을 배치하고 커튼을 달아 휴식 및 모임을 위한 장소로 이용한다.

01_ 정화구역에서 펌프를 통해 벽천 상부로 송수한 물이 벽천을 타고 개울로 흘러 생태연못으로 이어지는 물의 순환구조를 이룬다.
02_ 계단식으로 이루어진 여과층 최상단에는 수생식물이 자라 뿌리에서 유기물을 걸러 수질 정화를 돕는다.
03_ 정화된 깨끗한 물이 폭포와 계류를 통해 연못으로 유입됨으로써 연못의 조경 효과를 극대화했다.

04_ 우드블록 바닥재는 여름철 땡볕의 열기를 흡수한다.

05_ 바위솔, 패랭이꽃, 눈향나무 등 햇볕과 건조에 강한 식물을 한반도 모양으로 연출해 바닥을 장식했다.

06_ 녹지조성, 옥상조경, 생태연못 등에 적합한 조경물들로 연출한 공간이다.

07_ 생태연못 옆에 목재 데크를 만들고 의자일체형테이블을 놓아 만든 쉼터이다.

08_ 트인 틀을 지붕처럼 올려 그늘도 만들고 덩굴식물도 키울 수 있는 구조의 파고라(pergola)다.

01_ 그린월과 물이 조화를 이룬 공간에 격자 모양의 데크를 설치하고 간결하면서도 실용적인 ㄷ자형의 벤치를 설치했다.
02_ 팔각정자와 원형테이블 주변에 산수국을 군식하여 분위기를 내고, 다자인을 살린 낮은 곡선 데크로 대지의 단차를 보완했다.

03_ 카페 실내는 정원 풍경의 조망을 위해 통유리창과 천창, 오픈천장까지 뻗어 나간 아트월을 설치해 시원스러운 개방감을 높였다.
04_ 핀오크의 단풍잎을 닮은 청록색과 오렌지색, 다크 브라운의 조합으로 따뜻하고 아늑한 분위기의 인테리어다.
05_ 대왕참나무와 미루나무 숲이 내려다보이는 전면의 넓은 통창을 통해 사계절 자연을 감상하며 사색과 마음의 여유를 찾을 수 있는 곳이다.

바베큐

돌과 나무, 계류가 어우러져 방문객을 맞는 카페 입구의 감성 어린 공간이다.

11 7,273 ㎡ 2,200 py

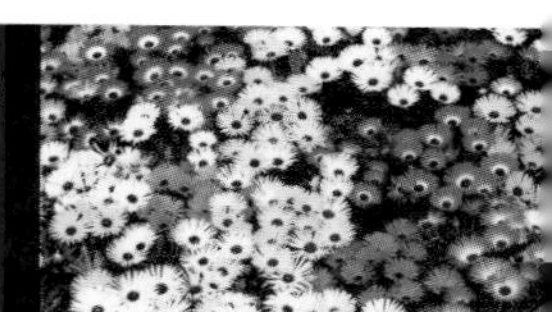

양주 헤세의정원

북유럽 스타일이 배어있는 북한산 밑 초록 정원

위 치 경기도 양주시 장흥면 호국로550번길 111
조경면적 7,273㎡(2,200py)
조경설계·시공 건축주 직영
취재협조 헤세의정원 T.031-877-5111

'헤세의 정원' 아이덴티티는 자연 속에 모던함이 공존하는 모던네이처로 건축과 조경, 디자인, 서비스, 음식까지 자연과 어우러진 복합문화공간으로써 모든 부분에서 정갈한 세련미와 자연미를 담고 있다. 북한산을 배경으로 30년 넘게 지켜온 송추농원에 자리하여 비교적 최근에 조성한 곳임에도 자연의 깊이감이 느껴진다. 이곳에 '기능적인 것이 아름답다(Function is beauty)'는 노르딕 스타일의 기본인 실용과 기능이 더해졌다. 북유럽 디자인의 감성을 담아낸 카페 휘바는 네모반듯한 실용적인 모던함에 자연을 더해 조화를 이룬 그린 위의 데크, 녹색 자연 위에 떠 있는 듯한 멋진 플로팅 데크와 현대적인 건물로 이루어져 있다. 전체적인 조경은 과거 송추농원이란 이름으로 지켜온 오랜 세월의 흔적을 담아내기 위해 자생하던 나무와 꽃, 풀 등 다양한 식물군들을 그대로 보존하는 것에 가치를 두고 보완설계로 완성하였다. 1만여 평이 넘는 넓은 농원에 현대적 건물을 들이고, 각종 정원수와 화초류, 계류와 연못 등을 조화롭게 연출하여 다양한 시설을 갖춘 새로운 모습의 복합문화공간으로 재탄생한 것이다. 자연 친화적인 설계로 한 그루의 나무도 다치지 않게 보전하면서 곳곳에 넓은 데크를 설치해 정원 어디서든 숲속에 들어앉은 듯한 분위기에서 여유롭고 편안하게 각종 모임이나 행사를 할 수 있는 곳이다. 건물, 자연, 인간이 서로 조화를 이루며 상생하는 문화공간으로써, 헤세의 정원은 해를 거듭할수록 그 가치를 더해가며 찾아오는 방문객들에게 아름다운 공간을 제공하고 있다.

조경도면 | Landscape Drawing

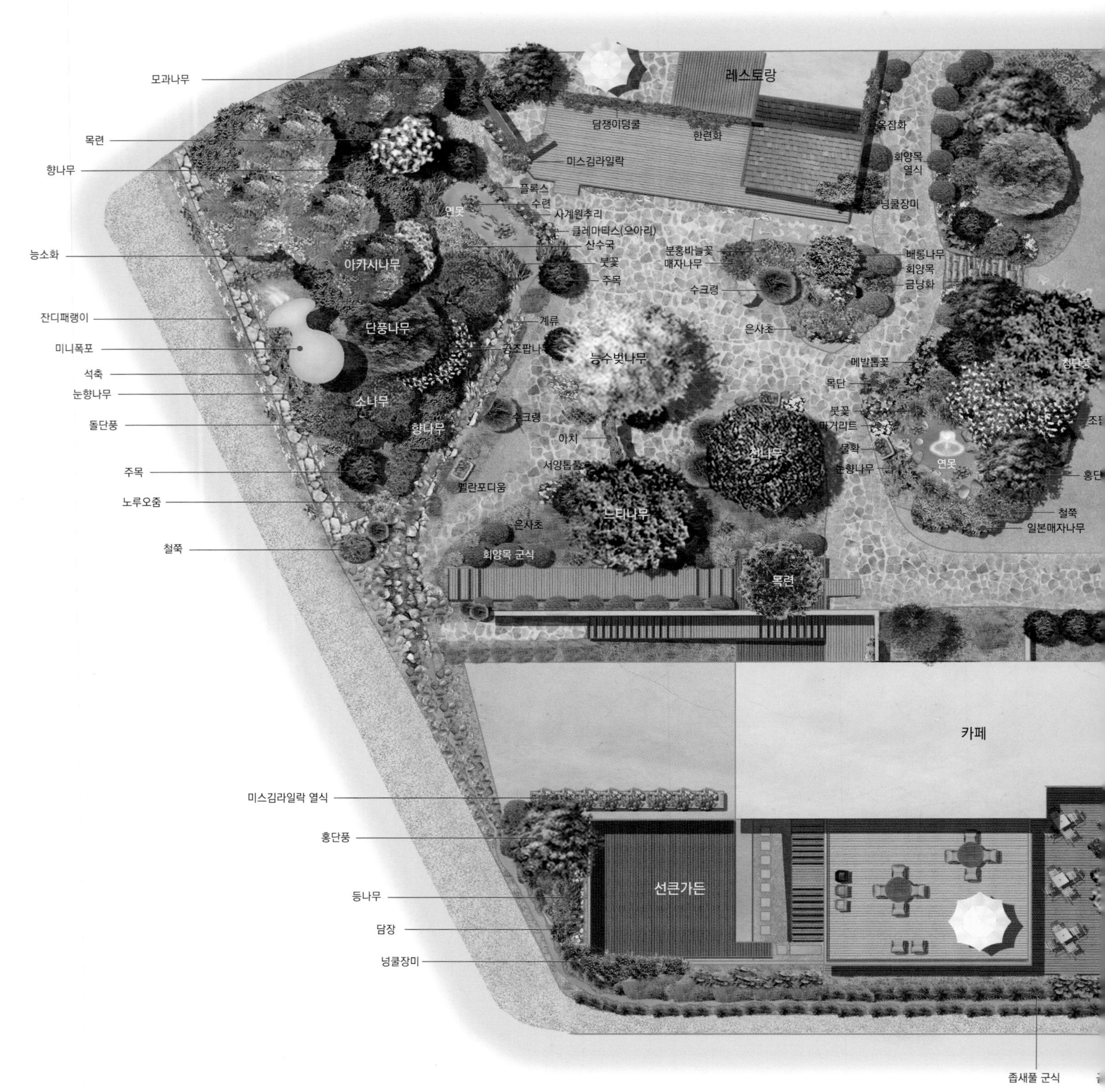

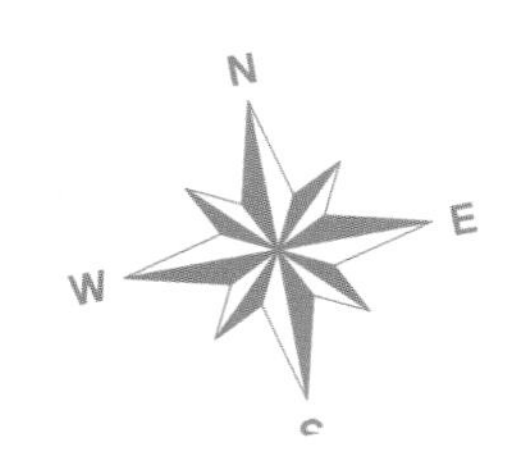

N
E
W

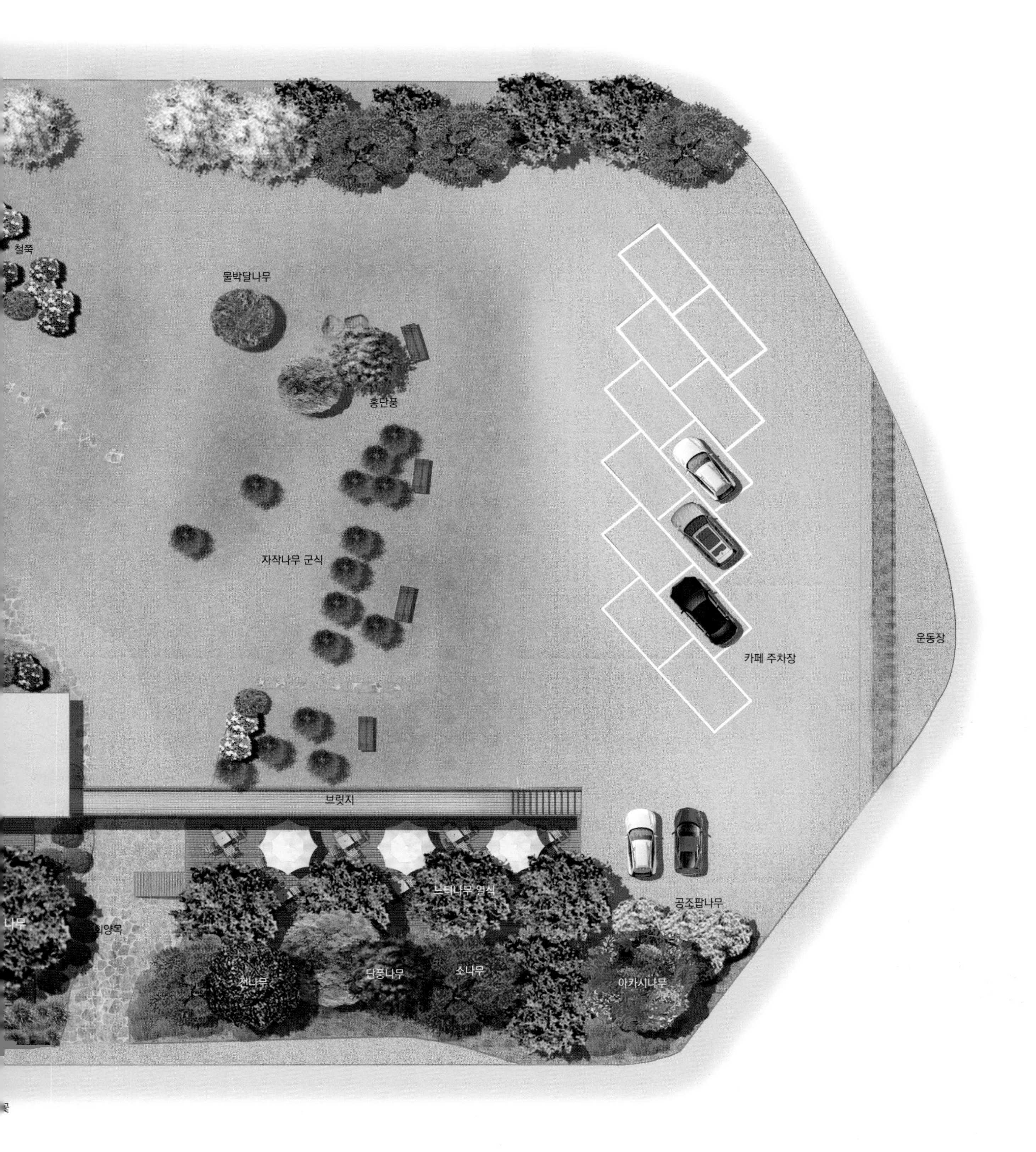

철쭉
물박달나무
홍단풍
자작나무 군식
카페 주차장
운동장
브릿지
느티나무 열식
공조팝나무
나무
회양목
전나무
단풍나무
소나무
아카시나무

주요 나무와 야생화 MAJOR TREE & WILD FLOWER

곰취 여름~가을, 7~9월, 노란색
줄기 끝에 지름 4~5cm의 노란색 설상화가 총상꽃차례로 핀다. 어린잎을 나물로 먹는다.

노루오줌 여름~가을, 7~8월, 붉은색·흰색
높이 30~70cm로 뿌리줄기는 굵고 옆으로 짧게 뻗으며 줄기는 곧게 서고 갈색의 긴 털이 난다.

단풍나무 봄, 5월, 붉은색
10m 높이로 껍질은 옅은 회갈색이고 잎은 마주나고 손바닥 모양으로 5~7개로 깊게 갈라진다.

등나무 봄, 5~6월, 연자주색
높이 10m 이상의 덩굴식물로 타고 올라 등불 같은 모양의 꽃을 피우는 나무라는 뜻이 있다.

목련 봄, 3~4월, 흰색
이른 봄 굵직하게 피는 흰 꽃송이가 탐스럽고 향기가 강하고 내한성과 내공해성이 좋은 편이다.

배롱나무/백일홍/간지럼나무 여름, 7~9월, 붉은색 등
100일 동안 꽃이 피어 '백일홍' 또는 나무껍질을 손으로 긁으면 잎이 움직인다고 하여 '간지럼나무'라고도 한다.

분홍바늘꽃 여름, 7~8월, 분홍색
뿌리줄기가 옆으로 벋으면서 퍼져 나가 무리 지어 자라고 줄기는 1.5m 높이로 곧게 선다.

붓꽃 봄~여름, 5~6월, 자주색 등
약간 습한 풀밭이나 건조한 곳에서 자란다. 꽃봉오리의 모습이 붓과 닮아서 '붓꽃'이라 한다.

산수국 여름, 7~8월, 흰색·하늘색
낙엽관목으로 높이 약 1m이며 작은 가지에 털이 나고 꽃은 가지 끝에 산방꽃차례로 달린다.

수수꽃다리 봄, 4~5월, 자주색·흰색 등
한국 특산종으로 북부지방의 석회암 지대에서 자라며 묵은 가지에서 피는 꽃은 향기가 짙다.

수양벚꽃 봄, 3~5월, 분홍색·흰색
수양버들처럼 가지가 아래로 축 늘어지다 보니 꽃이 더 풍성하게 보여 관상용으로 인기가 있다.

원추리 여름, 6~8월, 주황색
잎 사이에서 가는 줄기가 나와 100㎝ 높이로 곧게 자라고 잎은 2줄로 늘어서고 끝이 처진다.

철쭉 봄, 4~5월, 자주색 등
진달래와 달리, 철쭉은 독성이 있어 먹을 수 없는 '개꽃'으로 영산홍, 자산홍, 백철쭉이 있다.

아까시나무 봄, 5월, 흰색
잎은 기다란 겹잎으로 6~20장의 긴 타원형으로 향기가 진한 꽃이 피며 느슨하게 무리 지어 아래로 늘어진다.

칠엽수 봄, 5~6월, 흰색
높이는 30m로 굵은 가지가 사방으로 퍼지며 프랑스에서는 마로니에(marronier)라고도 부른다.

한련화 여름, 6~8월, 노란색 외
유럽에서는 승전화(勝戰花)라고 하며 덩굴성으로 깔때기 모양의 꽃과 방패 모양의 잎이 아름답다.

01

01_ 환경친화적인 노르딕 스타일을 반영한 단순하고 실용적인 목재데크이다.
02_ 녹색 자연 위에 떠 있는 듯한 모던한 카페 건물과 어우러진 정원 풍경이다.
03_ 기존의 나무들을 보호하면서 주변에 데크를 설치해 편리함과 실용성을 더했다.

02

03

01_ 자연과 어우러진 현대적 감각의 노출콘크리트 카페 건물, 헤세의정원이 추구하는 모던네이처는 자연과 모던함이 함께 공존하는 상생의 공간이다.
02_ 건축주의 의도대로 건물 디자인은 모던하면서도 중후하고 정갈한 분위기이다.
03_ 조경설계 시 오래된 나무들을 그대로 보존해 세월의 흔적까지 고스란히 담아내어 깊은 자연미가 느껴지는 정원이다.

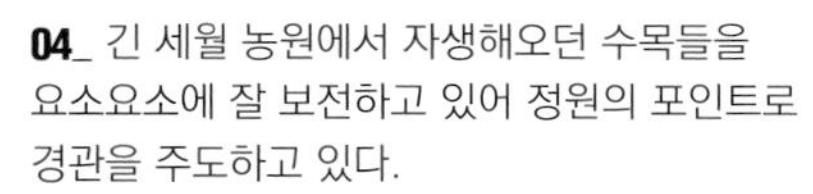

04_ 긴 세월 농원에서 자생해오던 수목들을
요소요소에 잘 보전하고 있어 정원의 포인트로
경관을 주도하고 있다.
05_ 수형이 아름답고 키가 20m에 이르는
수양벚나무가 봄철 아름다운 자태를 뽐내고 있다.
06, 07_ 자연석으로 만든 개울의 징검다리와
계단식 긴 데크로 이루어진 카페 휘바의 어프로치.

01_ 울창한 숲 속에 들어앉은 듯한 휘바의 레스토랑 건물, 주변으로 아기자기한 산책로가 조성되어 있어 텃밭과 과수원 등 정원 곳곳을 돌아볼 수 있다.
02_ 정원 구석구석을 잇는 동선에는 디딤돌이 깔려 있고, 주변에 크고 작은 다양한 식물들을 식재하여 정원을 돌며 구경하는 재미 또한 쏠쏠하다.
03_ 붉은색 점토벽돌로 고풍스럽게 마감한 벽체에 담쟁이덩굴, 덩굴장미, 클레마티스, 철제 코코넛화분 등으로 연출한 화사한 분위기의 벽면이다.

04_ 잘 정돈된 동선 주변으로 다양한 꽃들과 조경석, 첨경물들을 조화롭게 배치해 시각적인 볼거리로 즐거움을 주고 있다.
05_ 오가는 길목에 점경물 겸 안내등으로 설치한 키 낮은 석등이다.
06_ 꽃이 크고 화려한 덩굴성 식물로 고사목을 타고 오른 클레마티스가 한창이다.
07_ 데크 주변의 계류를 따라 수생식물과 그라스류, 야생화와 나무들이 어우러져 자연 속의 편안함과 여유가 느껴지는 카페 외부의 데크 공간이다.

01_ 자연 속에 모던함이 공존하는 모던네이처, '헤세의정원'이 추구하는 아이덴티티가 잘 반영된 노르딕하우스 야간 전경이다.
02_ 산책로 옆에 미니 연못을 설치해 붓꽃과 금낭화, 후르츠세이지 등 화초류 등으로 아기자기하게 연출하여 볼거리를 더했다.
03_ 채광과 통풍이 어려운 지하 공간의 불리한 조건을 개선한 간결하고 짜임새 있는 선큰가든(Sunken Garden)이다.
04_ 모던하면서도 내추럴한 분위기를 끌어낸 카페 내부, 시원스럽게 트인 넓은 유리벽을 통해 실내에서도 자연 풍광을 감상할 수 있다.

01

02

03

04

05_ 2층 사무실 테라스에서 내려다본 1층 데크 전경.
06, 07_ 커다란 느티나무가 드리워진 카페 휘바의 데크 휴게공간, 폴딩도어를 열어젖히면 실·내외는 자연과 소통하는 하나의 공간이 된다.

건물 설계에서 정원관리까지 손수 심고, 뿌리고, 자르고, 다듬고,
어느 것 하나 주인장의 세심한 손길이 닿지 않은 곳이 없다.

12 11,339 ㎡ 3,430 py

양평 더그림

방송 촬영지로 유명한 그림보다 더 그림 같은 정원

위 치	경기도 양평군 옥천면 용천리 564-7
조 경 면 적	11,339㎡(3,430py)
조경설계·시공	건축주 직영
취 재 협 조	(주)양평더그림 T.070-4257-2210

더그림은 1996년 자연 상태에서 개인 별장으로 시작, 2003년부터 본격적으로 정원을 가꾸기 시작하여 현재의 아름다운 모습을 갖추게 되었다. 2005년 처음 방송 촬영을 계기로 주목받으면서 지금까지 총 60여 편에 이를 정도로 개인 사유지로써는 방송 촬영을 가장 많이 한 장소로도 명성이 나 있다. 전체 3,430평 규모의 더그림은 드라마나 영화, CF 촬영 장소로 많이 활용하는 풍경화 건물, 차 한 잔의 여유를 누리며 생활용품 쇼핑까지 할 수 있는 수채화 건물, 연인들을 위한 조용한 분위기의 산수화 건물, 풍경을 바라보며 힐링할 수 있는 쉼터인 스케치 건물, 주차장, 정원 등으로 이루어져 있다. 봄에는 10만여 그루의 철쭉과 수많은 꽃으로 뒤덮인 화사한 정원에서 봄을 만끽하고, 여름에는 카펫 같은 녹색 잔디와 짙푸른 녹음, 주변을 흐르는 풍부한 계곡물 소리를 들으며 더위를 식힐 수 있다. 가을에는 울긋불긋 아름다운 단풍 밑에서 낭만을 즐기고, 겨울에는 새하얀 눈꽃을 감상하며 따뜻한 차 한 잔의 여유를 누리기에 좋은 곳이다. 2017년 '경기 아름다운 정원문화 대상'을 수상한 바 있는 더그림은 이에 걸맞게 정원 가꾸기에도 소홀함이 없다. 정원 구석구석을 돌다 보면 방문객들을 배려한 다양한 휴게공간과 아기자기하게 꾸민 다채롭고 독특한 볼거리와 포토존이 방문객들의 눈과 마음을 이끈다. 또한, 사계절 내내 식물체험과 힐링을 함께 할 수 있는 유리온실과 모종실, 텃밭 등도 볼거리다. 유럽풍의 건물과 소나무 숲, 아름다운 조경이 어우러져 한 폭의 그림보다 더 그림 같은 더그림은 멀리 펼쳐진 산줄기의 아름다운 실루엣을 바라보며, 사계절 내내 행복한 추억을 남기기에 더없이 좋은 곳이다.

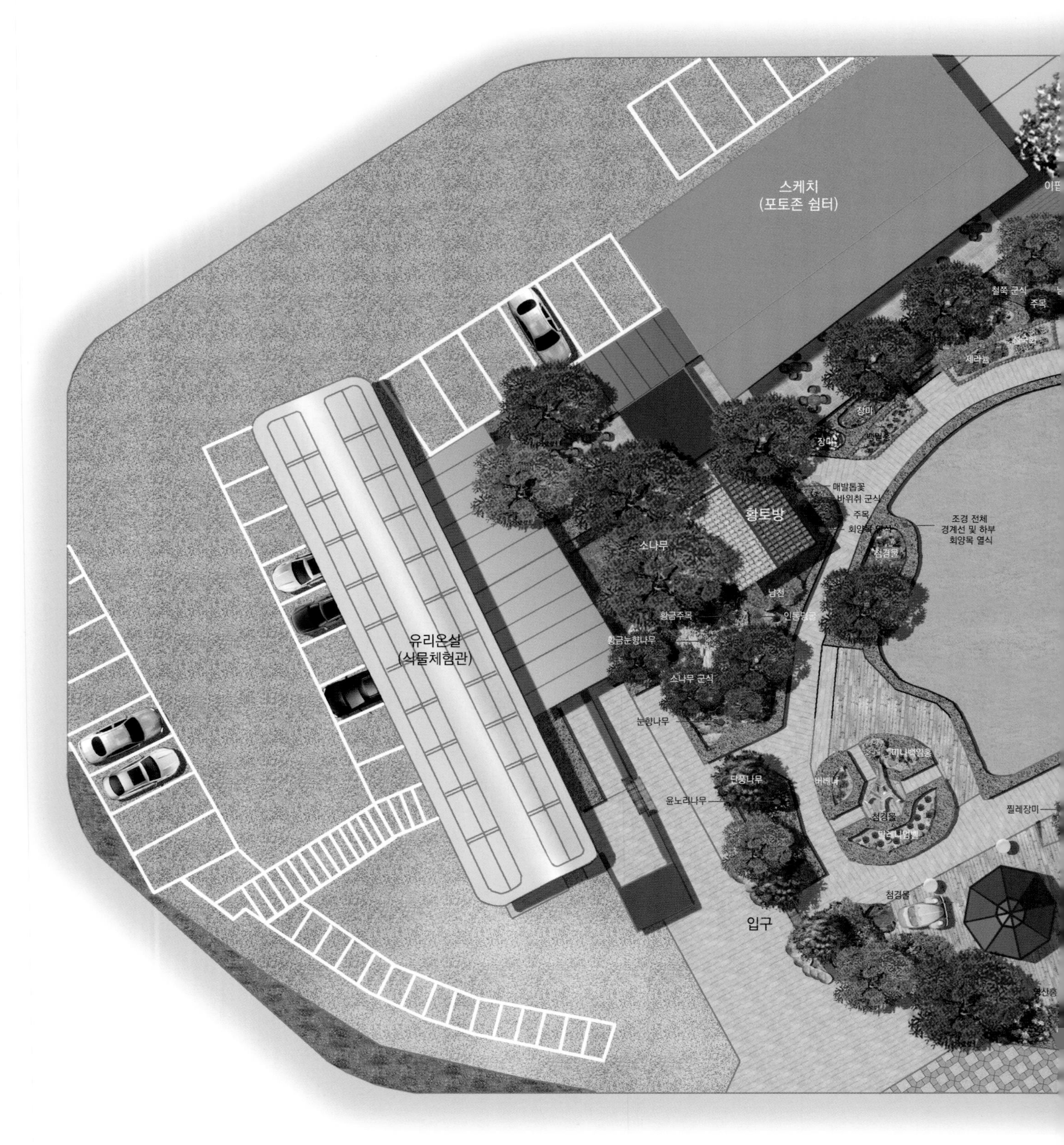
스케치
(포토존 쉼터)
유리온실
(식물체험관)
황토방
소나무
철쭉 군식
주목
제라늄
장미
장미
백일홍
매발톱꽃
바위취 군식
주목
회양목 열식
조경 전체
경계선 및 하부
회양목 열식
첨경물
남천
황금주목
인동덩굴
황금눈향나무
소나무 군식
눈향나무
단풍나무
윤노리나무
미니백일홍
버베나
첨경물
밀레니엄벨
찔레장미
첨경물
입구
영산홍

풍경화
(촬영 장소)
연못
후로츠세이지 군식
주목
영산홍 군식
단풍나무
맥문동 군식
철쭉군식
계류
청단풍
인동덩굴
공작단풍
승전화
돌보리수
소나무
앵두나무
영산홍군식
대추나무
회양목 열식
반송
제라늄
자두나무
꽃댕강나무
황금주목
박하
초코민트
실향나무
후지사과
영산홍군식
리빙스턴세이지
공작단풍
꽃창포
비비추
플록스
물싸리
독일붓꽃
수련
공작단풍
연못
돌단풍
어리연꽃
물양귀비
백일홍
미니맨드라미
제라늄
버베나
샤파니아
첨경물
라벤다
설악초
향나무
꽃고추
박하
홍로사과
포체리카
목단
샤스타데이지
채소
꽃사과
페튜니아
설국화
아스타
소나무
데이지
설국화
주목
아이비제라늄
칸나
블루베리
매발톱꽃
홍단풍
단풍나무
패랭이꽃
인동덩굴
사계국화
설구화
장미 아치
마가목
산수화
첨경물
모과나무
장미
큰꿩의비름
대상화
측백나무
남천
영산홍 군식
연못
어리연꽃
물양귀비
독일붓꽃
꽃창포
공작단풍
단풍나무
대추나무
남천
해당화
단풍나무
후문
수채화 (카페)
영산홍 군식
이팝나무
목련
소나무
단풍나무
영산홍 군식

W
N
S
E

주요 나무와 야생화 MAJOR TREE & WILD FLOWER

꽃고추 봄~여름, 5~9월, 흰색
한 나무에서 여러 가지 색의 열매가 달리는 재배용 고추로 '하늘고추', '화초고추'로도 불린다.

대상화 가을, 9~10월, 분홍색
수술과 암술은 많고 꽃밥은 황색이며 암술은 모여서 둥글게 되지만 열매로 성숙하지 않는다.

독일붓꽃 봄~여름, 5~6월, 보라색 등
유럽 원산의 여러해살이 식물로 한국에 자생하는 붓꽃속 식물과 비교하면 꽃이 큰 편이다.

란타나 봄~가을, 5~10월, 노란색·흰색 등
시간이 지남에 따라 꽃이 7가지 색으로 변하여 '칠변화'라 부르기도 한다.

리빙스턴데이지 봄, 5~6월, 분홍색·흰색 등
남아프리카 원산의 한해살이풀로 선명한 원색 꽃이 아름다워 원예식물로 재배한다.

맨드라미 여름, 7~8월, 붉은색 등
비름과에 딸린 한해살이 화초로 잔꽃이 뭉쳐서 닭의 볏 모양으로 피는데 계관화라고도 한다.

메리골드 봄~가을, 5~10월, 노란색 등
멕시코 원산이며 줄기는 높이 15~90cm이고 초여름부터 서리 내리기 전까지 긴 기간 꽃이 핀다.

버베나 봄~가을, 5~10월, 적색·분홍색 등
주로 아메리카 원산으로 열대 또는 온대성 식물이다. 품종은 약 200여 종이 있다.

샤스타데이지 여름, 5~7월, 흰색
국화과의 다년생 초본식물로 품종에 따라 봄에서 가을까지 선명한 노란색과 흰색의 조화가 매력적인 꽃이 핀다.

설악초 여름, 7~8월, 흰색
회녹색의 잎이 나는데 가장자리가 흰색 테두리를 친 듯 하얗다. 꽃마저 하얘서 이름이 설악초다.

아스타 여름~가을, 7~10월, 푸른색 등
이름은 '별'을 의미하는 고대 그리스 단어에서 유래했다. 꽃차례 모양이 별을 연상시켜서 붙은 이름이다.

인동덩굴 여름, 6~7월, 흰색
인동(忍冬), 인동초(忍冬草)로 불리고 꽃은 처음에는 흰색이나 나중에는 노란색으로 변한다.

패랭이꽃/석죽 여름~가을, 6~8월, 붉은색
높이 30cm 내외로 꽃의 모양이 옛날 사람들이 쓰던 패랭이 모자와 비슷하여 지어진 이름이다.

페튜니아 봄~가을, 4~10월, 붉은색 등
남아메리카가 원산지로 여름 화단이나 윈도 박스에 흔히 심을 수 있는 화려한 트럼펫 모양의 꽃이다.

포체리카 여름~가을, 6~9월, 붉은색 등
쇠비름 종류의 다육식물이므로 햇빛을 많이 봐야 좋은 꽃을 맺을 수 있다.

홍단풍 봄, 4~5월, 붉은색
높이 7~13m로 나무 전체가 1년 내내 항상 붉게 물든 형태로 아름다워 관상수나 조경수로 심는다.

화단 중앙에 에펠탑 조형물을 배치하고 회양목으로 문양을 만들어 유럽의 파르테르 정원 형식의 이국적인 분위기를 연출했다.

01

02

03

01_ 한 폭의 그림처럼 다가오는 정원 풍경, 스페니쉬 기와를 얹은 유럽풍의 풍경화 건물은 드라마나 CF, 영화 등 촬영 장소로 이용한다.
02_ 더그림 초입에는 에펠탑 조형물로 장식한 화단이 조성되어 있고, 정원 중앙에는 카펫 같은 푸른 잔디마당이 넓게 차지하고 있다.
03_ 더그림의 아름다운 정원을 바라보면서 차를 마시며 힐링할 수 있는 클래식한 유럽풍 스케치 건물이다.
04_ 음료 서비스를 받고 수입 생활용품과 액세서리를 쇼핑하며 여유로운 시간을 보낼 수 있는 수채화 건물이다.
05_ 촬영 장소로 인기가 많은 풍경화 건물, 건물을 높게 배치하고 데크를 설치해 조경으로 꾸민 이름 그대로 풍경화 같은 집이다.
06_ 유럽풍 건물과 잘 가꾼 조경이 어우러진 그림 같은 풍경화 건물의 측면이다.

01

01_ 가제보로 휴식공간을 만들고, 데크 위에 오래된 자동차를 진열하여 색다른 볼거리와 때로는 촬영지의 소품이 되기도 한다.
02_ 집 주변에 흐르는 계곡에서 물을 끌어와 만든 연못에는 다양한 수생식물이 자라고 있다.
03_ 육각지붕에 평난간을 두른 전통정자, 푸른 나무와 화초들로 둘러싸여 있어 여름철 방문객들에겐 최고의 쉼터다.

02

03

04_ 연못과 정자를 돌아 뒤뜰에 닿으면 산수화 건물과 다양한 소품들을 활용해 연출 사진을 찍을 수 있도록 꾸민 포토존이 있다.
05_ 뒷산의 울창한 소나무 숲과 어우러져 정원의 풍성한 녹음이 절정을 이룬다.
06_ 바위 틈새에 소나무를 포인트로 심고 미니철쭉, 남천, 눈향나무 등을 조화롭게 심어 자연미가 돋보이는 암석원이다.

01_ 아기자기하게 꾸며 놓은 포토존 풍경. 어프로치(Approach)와 보도, 화단에 잔디, 판석, 나무 등 다양한 소재를 사용해 시각적인 변화감을 주었다.
02_ 계곡 물을 끌어들여 조성한 계류가 있는 뒤뜰 산수화 건물의 아름다운 어프로치 풍경이다.
03_ 뒤뜰로 이어지는 데크 다리와 계류를 따라 자연스럽게 조성한 후르츠세이지 연못이 색다른 분위기로 산책의 즐거움을 더한다.

04_ 수형이 아름다운 소나무를 중심으로 조화를 이룬 잘 정돈된 정원 풍경이다.
05_ 그늘을 드리운 큰 홍단풍 밑에 널찍한 평상을 놓아 오가며 걸터앉아 쉴 수 있는 휴식공간이다.
06_ 정원 중심에 요점식재한 붉은색의 홍단풍이 주변의 녹색과 보색 대비를 이루며 더욱 시선을 끌어들인다.
07_ 밖에서도 자연을 즐기며 휴식할 수 있도록 야외 테이블을 갖추었다.

01

02

03

01_ 누구나 가까이에서 식물을 관찰하고, 만지고, 향을 맡고, 맛까지 볼 수 있도록 깨끗하고 아름답게 관리하는 유리온실 식물체험관이다.
02_ 온실 좌·우측으로 벽돌을 쌓아 플랜트 형태의 긴 화단을 만들고 기온에 민감한 식물과 조경 장식품들을 조화롭게 배치하여 볼거리를 제공한다.
03_ 서까래를 노출한 온돌방을 아기자기한 소품들로 꾸며 포토존으로 활용하고 있는 황토방이다.
04_ 한 폭의 수채화같은 정원의 차경을 즐기며 여유롭게 차 한 잔을 즐길 수 있는 수채화 건물의 내부이다.
05_ 정원을 바라보며 힐링할 수 있는 클래식한 분위기의 스케치 건물 내부다.

04

05

울창한 숲과 계곡으로 둘러싸인 잔디마당, 흰색 수피를 자랑하는 숲 속의 은사시나무와 다양한 정원수들이 어우러진 주정원의 화사한 봄 풍경이다.

13 16,528 m² 5,000 py

칠곡 시크릿가든

산골짜기에 숨어 있는 아름다운 비밀의 화원

위 치	경상북도 칠곡군 동명면 득명2길 97-21
조 경 면 적	16,528㎡(5,000py)
조경설계·시공	건축주 직영
취 재 협 조	시크릿가든 T.054-975-0588

팔공산 깊숙한 곳에 자리 잡은 '비밀의 화원'은 팍팍한 일상을 살아가는 사람들에게 자연의 신선한 감동을 안겨주는 산골짜기에 숨어있는 보물 같은 곳이다. 1998년부터 정원을 조성하기 시작한 후로 17년이 지난 2015년이 되어서야 정식으로 일반인에게 개방하였다. 전에 이곳을 방문했던 사람들 사이에서 자신들만이 아는 비밀스러운 정원이라는 의미로 통했던 이름을 그대로 사용해 '시크릿가든'으로 부르게 되었다. 계곡을 두고 산으로 둘러싸인 산골짜기 정원은 주변의 울창한 숲과 자연 지형을 최대한 이용해 자연스러우면서도 과감하고 변화무쌍한 분위기를 선보인다. 정원 입구의 계곡 경사면에 심은 쭉쭉 뻗은 왕대와 정원에서 마주하게 되는 숲속의 하얀 수피의 은사시나무 군락이 매우 깊은 인상을 준다. 카페 전면에 펼쳐진 미니 축구장만 한 잔디마당은 사방으로 둘러쳐진 숲의 다양한 모습을 담을 수 있도록 여백미를 살리고, 왕대나무, 배롱나무, 동백나무, 느티나무, 단풍나무, 감나무 등 다양한 조경수로 주변을 장식했다. 잔디마당의 오른쪽 계단을 통해 언덕 위로 오르면 두 개의 단으로 구성된 유럽식 정원에 화려한 숙근초와 일년초 화초류가 형형색색 풍성하게 어우러진 화원과 시원한 물줄기를 뿜어내는 분수가 방문객들을 맞으며 눈을 호사시킨다. 아름다운 정원을 위해 파종 시기, 화초류의 색과 질감, 사계절 정원 연출법, 꽃의 월동, 식재와 관리 방법 등 숱한 실험을 거치며 끊임없이 연구해온 주인장의 노력으로 봄부터 겨울까지 시크릿가든의 일년은 화려한 변신의 연속이다. 해가 가면 과연 어떤 모습으로 변해있을지 자못 궁금하고 기대하게 되는 비밀스럽고 신비스러운 깊은 산골짜기의 아름다운 정원이다.

벽천
대왕참나무
자귀나무
쉼터
구절초
아카시나무
소나무
코스모스
장미아치
단풍나무
메리골드
천일홍
후문
쇠비름채송화
수호초
모과나무
구절초
장미아치
느티나무
회화나무
코스모스
단풍나무
찔레장미
회양목
수크령
갈대
사스타데이지
찔레장미
회양목
소나무
삼색조팝나무
참나리
꽃창포
연못
매자나무
향나무
꽃창포
속새
꽃양귀비
소나무
수선화
황금회화나무
박태기나무
비비추
산국
사스타데이지
꽃잔디
스카이로켓향나무
블루버드
천일홍
메리골드
담쟁이덩굴
철쭉
백당나무
소나무
향나무
루드베키아
블루버드
구절초
회양목 열식
산철쭉
향나무
삼색조팝나무
스카이로켓향나무
금송
자귀나무
단풍나무
느티나무
버드나무

마삭줄
느티나무
느티나무
카페
배고니아
물확
맨드라미
메리골드
왕대, 오죽 군식
감나무
블루버드
마거리트
목단
황매화
피라칸다
국화
단풍나무
공작단풍
소나무
찔레장미
청홍
공작단풍
갯버들
철쭉
등나무덩굴
남천
공작단풍
철쭉
마삭줄
자작나무
은사시나무 군락
배롱나무
미국산딸나무
공작단풍

N
W
E
S

주요 나무와 야생화 MAJOR TREE & WILD FLOWER

감나무 봄, 5~6월, 노란색
경기도 이남에서 과수로 널리 심으며 수피는 회흑갈색이고 열매는 10월에 주황색으로 익는다.

공작단풍/세열단풍 봄, 5월, 붉은색
잎이 7~11개로 갈라지고 갈라진 조각이 다시 갈라지며 잎은 가을에 아름다운 빛깔로 물든다.

대나무 여름, 6~7월, 붉은색
줄기는 원통형이고 가운데가 비었다. '매난국죽(梅蘭菊竹)'. 사군자 중 하나로 즐겨 심었다.

모과나무 봄, 5월, 분홍색
울퉁불퉁하게 생긴 타원형 열매는 9월에 황색으로 익으며 향기가 좋고 신맛이 강하다.

미국산딸나무 봄, 4~5월, 분홍색·흰색 등
봄에는 아름다운 꽃, 여름에는 잎, 가을에는 붉은 단풍, 겨울에는 열매까지 감상 가치가 뛰어나다.

바위취 봄, 5월, 흰색
햇빛이 없는 곳에서도 잘 자라며 돌계단, 축대 사이에 심으면 봄에 하얀 꽃을 볼 수 있다.

배롱나무/백일홍/간지럼나무 여름, 7~9월, 붉은색 등
100일 동안 꽃이 피어 '백일홍' 또는 나무껍질을 손으로 긁으면 잎이 움직인다고 하여 '간지럼나무'라고도 한다.

사철베고니아 봄~겨울, 1~12월, 붉은색·분홍색 등
브라질 원산으로 여러해살이풀로 사철 내내 피는 꽃이어서 붙여진 이름이다.

산국 가을, 9~10월, 노란색
높이 1m로 들국화의 한 종류로서 '개국화'라고도 한다. 흔히 재배하는 국화의 조상이다.

섬초롱꽃 여름~가을, 6~9월, 자주색
한번 심으면 땅속줄기가 반영구적으로 증식하므로 도로변이나 공원 등 공공시설에 심어 조경한다.

안젤라(덩굴장미) 봄, 5~6월, 붉은색
꽃잎이 5~10송이씩 전 가지와 잎을 덮을 정도로 피며 줄기가 3m 높이까지 자라고 내병성, 내한성에 강하다.

옥잠화 여름~가을, 8~9월, 흰색
꽃은 총상 모양이고 화관은 깔때기처럼 끝이 퍼진다. 저녁에 꽃이 피고 다음날 아침에 시든다.

은사시나무 봄, 4월, 노란색·녹색
은백양의 암나무와 수원사시나무의 수나무를 교배하여 두 나무에서 이름을 따서 '은사시나무'라 불린다.

천일홍 여름~가을, 7~10월, 붉은색·흰색 등
한해살이풀로 작은 꽃이 줄기 끝과 가지 끝에 한 송이씩 달려 두상 꽃차례를 이룬다.

청화쑥부쟁이 가을, 10월, 푸른색
다년생초본으로 꽃은 가지와 줄기 끝에서 머리모양으로 한 개씩 달리며, 푸른 청보라 색으로 화려하게 핀다.

황매화 봄, 4~5월, 노란색
높이 2m 내외로 가지가 갈라지고 털이 없으며 꽃은 잎과 같이 잔가지 끝마다 노란색 꽃이 핀다.

언덕에서 내려다본 주정원의 전경. 자연의 신선한 공기를 마시고 삼림욕도 즐기며 힐링하기에는 더없이 좋은 곳이다.
끊임없는 시도로 해마다 변화를 거듭하며 새로운 모습의 풍성한 아름다움을 선사하는 것은 시크릿가든만의 매력이다.

01

02

03

04

05

01_ 주변을 휘돌아 형성된 계곡을 경계로 넓게 조성한 주정원의 잔디마당, 오른쪽에 만든 계단을 오르면 언덕 위 정원으로 이어진다.
02_ 숲 속의 흰색 은사시나무 군락을 배경으로 미국산딸나무, 자작나무, 배롱나무 등을 요점식재하여 꾸민 주정원의 자연 속 휴식공간이다.
03_ 소나무와 은사시나무 숲, 넓은 잔디마당이 내려다보이는 데크 위 휴식 공간, 공작단풍 개량종으로 두 가지 색의 잎을 가진 청홍공작단풍이 이채롭다.
04_ 입구의 내리막길을 지나면 계곡 옆에 소박한 통나무집 카페가 자리하고 있다.
05_ 정원을 조성한 지 17년 만인 2015년, 정원 한편에 주인장이 살던 통나무집을 개조해 소박한 시크릿가든 카페를 오픈하고 자연 속의 휴식처를 제공하고 있다.
06_ 새의 둥지처럼 자연의 품에 깊숙이 안긴 시크릿가든의 풍경, 미니 축구장만 한 크기의 잔디마당 주변으로 소나무, 왕대나무, 배롱나무, 동백나무, 느티나무, 스카이로켓향나무 등이 식재되어 있다.

06

01_ 짙푸른 녹음 아래 계절 꽃으로 화사한 분위기를
낸 카페 앞마당의 정원이다.
02_ 오랜 세월 수형을 가다듬어 만든 공작단풍
안에 은밀한 포토존을 마련하였다.
03, 04_ 숲속 정원의 분위기에 맞게 곳곳에
자유롭게 테이블을 놓아 휴식공간과 포토존으로
활용한다.

01

02

03

04

05_ '비밀의화원'은 「수목원·정원 조성 및 진흥에 관한 법률」에 따라 등록한 경상북도 제1호 민간정원이다.
06_ 사다리 형태의 통나무계단을 따라 언덕으로 올라가면 정원사의 특별한 손길이 더해진 유럽식 정원을 만날 수 있다.
07_ 언덕을 오르면 형형색색의 화사한 계절 꽃밭과 분수가 방문객들을 맞이한다.

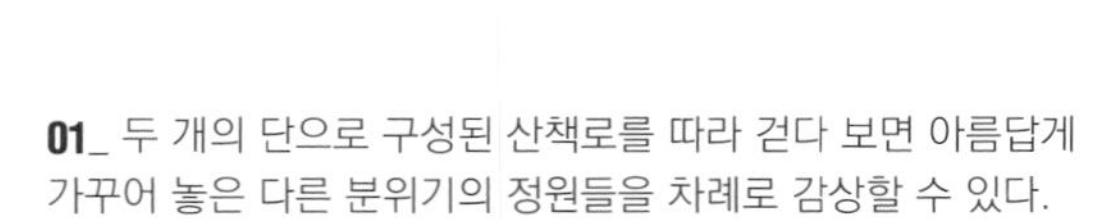

01_ 두 개의 단으로 구성된 산책로를 따라 걷다 보면 아름답게 가꾸어 놓은 다른 분위기의 정원들을 차례로 감상할 수 있다.
02_ 자연풍경식 정원으로 풍성함을 자랑하는 화원에는 숙근초와 일년초 등 다양한 꽃들이 만발하여 꽃 축제에 초대받은 듯한 감흥을 불러일으킨다.
03_ 꽃이 얼어 죽는 이유는 기온보다는 바람의 영향이 더 크다는 것을 깨닫고, 곳곳에 방풍용 수국을 심은 것은 가드너 하영섭 원장의 실험에서 얻은 노하우이다.

04_ 여름이나 가을에도 5월처럼 화사한 풍경을 즐길 수 있도록 유럽식 정원에 화려한 일년초를 가득 심은 것이 시크릿가든의 특색이다.
05_ 철재 아치형 파고라를 타고 오른 덩굴장미가 한껏 제 모습을 자랑한다.

01

02

03

01_ 정원 입구에 뿌리를 심어 20년 넘게 키운 왕대나무가 이제는 끝이 안 보일 정도로 높이 자라 대나무 숲을 이룬다.
02_ 계곡의 돌다리 너머 카페 시크릿가든의 안마당에는 풍성한 가지와 잎을 드리운 커다란 몸집의 느티나무가 수호목처럼 자리 잡고 있다.
03_ 사계절 내내 정원을 가로질러 흘러내리는 계곡물은 눈과 귀를 시원하게 해주며 정겨운 자연의 소리를 들려준다.
04_ 처마를 길게 내어 자연과 소통할 수 있게 꾸민 카페테라스의 휴식공간이다.
05_ 꽃향기 그윽한 꽃차와 잘 어울리는 엔티크한 분위기의 카페 실내이다.

04

05

DAVON

이색적인 분위기로 인기가 있는 루프탑 카페, 잘 다듬어진 분재 소나무와 육중한 자연석으로 과감하게 자연미를 연출한 정원이다.

14

19,835 ㎡
6,000 py

이천 카페다원

명품 분재 소나무와 조경석 연출이 돋보이는 정원

위치	경기도 이천시 장호원읍 경충대로494번길 16
조경면적	19,835㎡(6,000py)
조경설계·시공	청솔조경
취재협조	카페다원, 청솔조경 T.010-5423-4514

카페다원은 다른 곳에서 쉽게 볼 수 없는 진귀한 수형의 분재가 즐비하게 가득 찬 독특한 분위기의 정원으로 방문객의 이목을 끄는 곳이다. 수십 년간 분재 전문가로 일해 온 카페 주인장의 부친이 이곳에서 직접 손으로 매만지며 공들여 키워온 수많은 크고 작은 수목들이 심겨 있어 정원을 거닐며 작품 하나하나를 감상하는 것만으로도 특별한 감동을 할 만하다. 오랜 세월 나무와 함께 살아온 부친이 이곳에 분재 교육장과 카페를 오픈하여 방문객이나 교육생들이 직접 나무를 보며 감상하고 배울 기회를 제공하면서 함께 나무사랑을 실천하고 있다. 정원 곳곳을 둘러보면 장인의 세세한 손길로 만들어낸 수준 높은 분재 나무의 예술성에 감탄하여 자신도 모르게 몰입하게 된다. 대목을 하나의 분재작품으로 만들기 위해 손으로 나무를 꺾고, 틀고, 올리고, 내리고 자유자재로 나무를 매만지며 아름다운 수형을 잡아가는 과정은 오랜 시간과 인내심이 필요하다. 아무리 큰 대목이라도 이곳 장인의 손길을 거치면 하나의 분재 예술품으로 재탄생하게 된다. 이뿐만 아니라 진귀한 정원수와 다양한 화초들로 가득 찬 정원에는 자연의 모습을 재현해 만든 맑은 연못과 계류가 시원하게 흘러내리며 자연미를 한층 북돋는다. 정원의 볼거리에 더해 감성적인 분위기를 즐길 수 있도록 특별하게 꾸민 루프탑 카페도 빠질 수 없는 장소다. 복잡한 도심 속을 벗어나 색다른 공간에서 잠시 쉬고 싶은 현대인들에게 아름다운 정원 풍경, 하늘과 맞닿을 것 같은 활짝 열린 루프탑 카페야 말로 지친 일상에서 가장 찾고 싶은 청량제가 아닐까 싶다. 언제든 누구든 찾아가 편하게 쉴 수 있는 특별한 분위기의 정원과 감성적인 카페를 한번 다녀간 사람은 다시 찾고 싶어 하는 아름다운 정원이다.

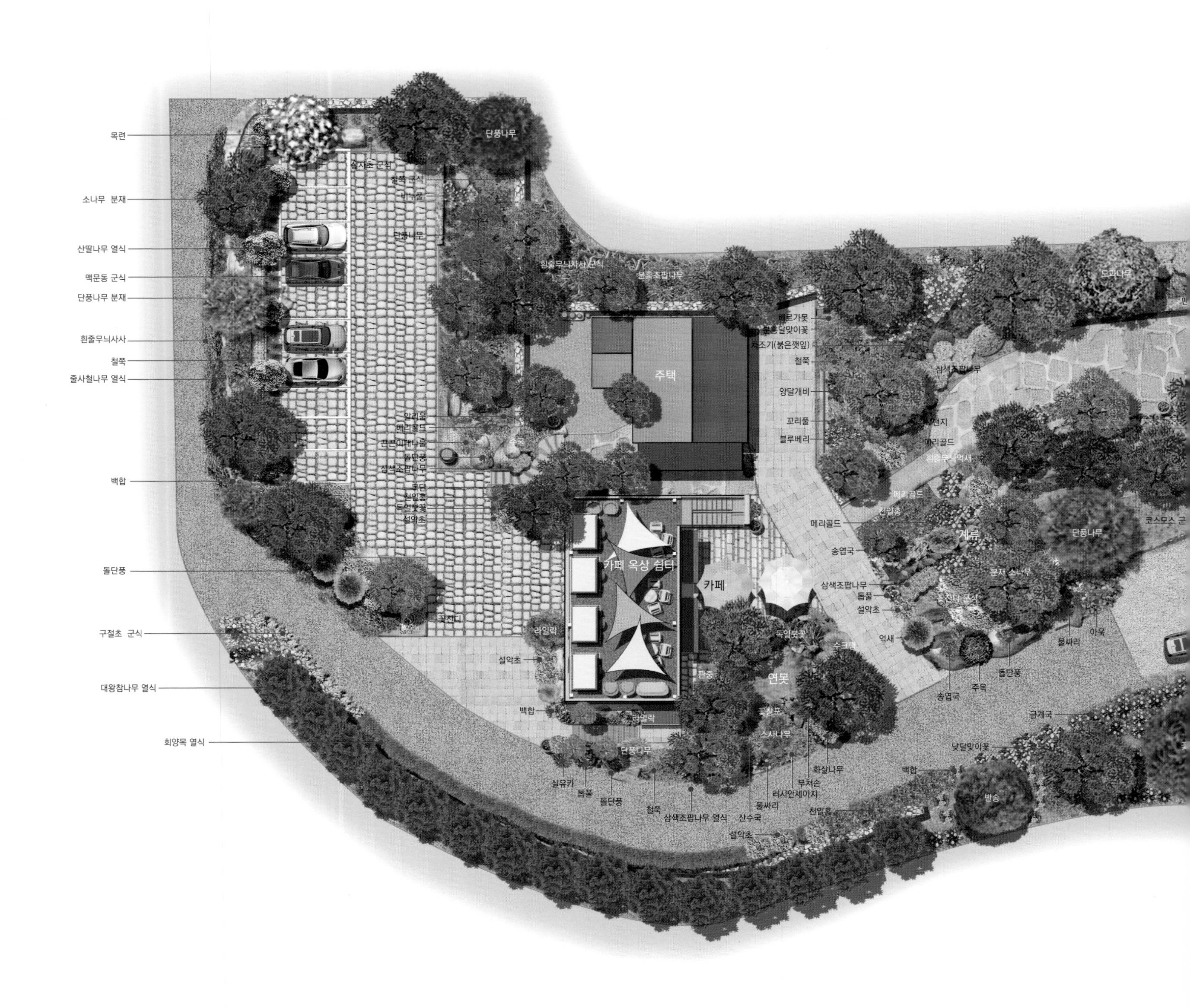
목련
소나무 분재
산딸나무 열식
맥문동 군식
단풍나무 분재
흰줄무늬사사
철쭉
줄사철나무 열식
백합
돌단풍
구절초 군식
대왕참나무 열식
회양목 열식
단풍나무
주택
카페 옥상 쉼터
카페
연못
계류
분재 소나무
단풍나무
메리골드
송엽국
삼색조팝나무
설악초
억새
물싸리
돌단풍
주목
금계국
백합
방송
설악초
철쭉
삼색조팝나무 열식
산수국
돌단풍
설유카
라일락
백합
코스모스 군
꼬리풀
블루베리
양달개비
철쭉

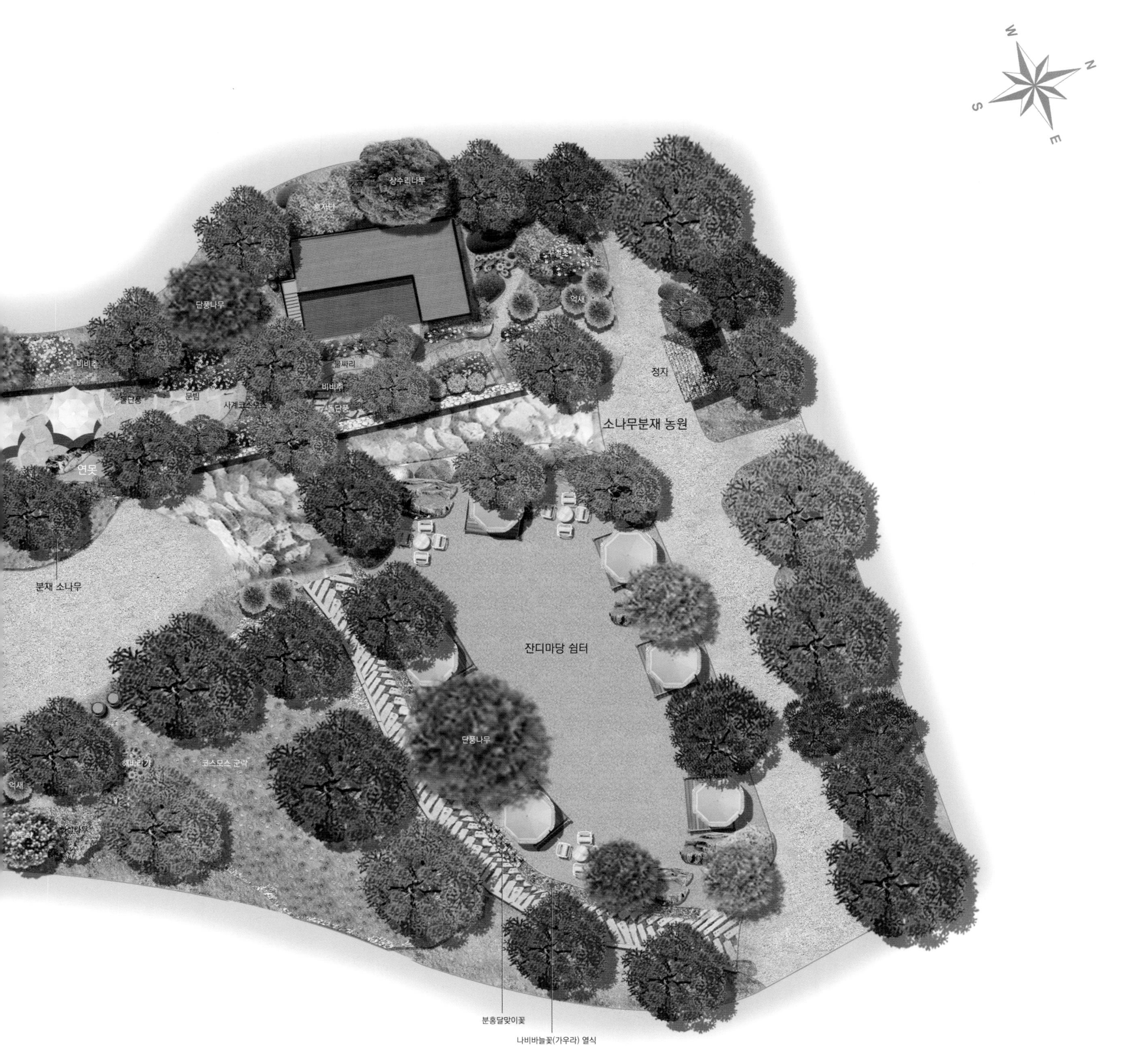
W
N
S
E
상수리나무
홍자단
구절초
억새
단풍나무
비비추
물싸리
비비추
돌단풍
문빔
사계코스모스
돌단풍
연못
정지
소나무분재 농원
분재 소나무
잔디마당 쉼터
해바라기
코스모스 군락
억새
불두화
화살나무
단풍나무
분홍달맞이꽃
나비바늘꽃(가우라) 열식

주요 나무와 야생화 MAJOR TREE & WILD FLOWER

금계국 여름, 6~8월, 황금색
2년초로 줄기 윗부분에 가지를 치며 높이 30~60cm이다. 물 빠짐이 좋은 모래흙에서 잘 자란다.

꼬리풀 여름, 7~8월, 보라색
다년초로 높이 40~80cm이고 줄기는 조금 갈라지며 위를 향한 굽은 털이 있고 곧게 선다.

꽃잔디 봄~여름, 4~9월, 진분홍·보라·흰색
멀리서 보면 잔디 같지만, 아름다운 꽃이 피기 때문에 '꽃잔디'라고도 하며, '지면패랭이꽃'이라고도 한다.

꽃창포 여름, 6~7월, 자주색
높이가 60~120cm로 줄기는 곧게 서고 줄기나 가지 끝에 붉은빛이 강한 자주색의 꽃이 핀다.

물싸리 여름, 6~8월, 노란색
개화 기간이 길다. 정원의 생울타리, 경계식재용으로 또는 암석정원에 관상수로 심어 가꾼다.

백일홍 여름~가을, 6~10월, 붉은색 등
꽃이 잘 시들지 않고 100일 이상 오랫동안 피어 유지되므로 '백일홍(百日紅)'이라고 부른다.

부처손 봄~가을, 포자기 7~9월, 녹색
산지 암벽에 붙어 사는 상록 다년초로, 헛줄기는 갈라져 퍼지고, 건조할 때는 안쪽으로 돌돌 말린다.

비비추 여름, 7~8월, 보라색
꽃은 한쪽으로 치우쳐서 총상으로 달리며 화관은 끝이 6개로 갈래 조각이 약간 뒤로 젖혀진다.

산딸나무 봄, 5~6월, 흰색
꽃은 짧은 가지 끝에 두상꽃차례로 피고 좁은 달걀 모양의 4개 하얀 포(苞)조각으로 싸인다.

산수국 여름, 7~8월, 흰색·하늘색
낙엽관목으로 높이 약1m이며 작은 가지에 털이 나고 꽃은 가지 끝에 산방꽃차례로 달린다.

송엽국 봄~여름, 4~6월, 자홍색 등
줄기는 밑 부분이 나무처럼 단단하고 옆으로 벋으면서 뿌리를 내리며 빠르게 번식한다.

숙근코스모스 여름~가을, 6~11월, 노란색
북아메리카 남동부가 원산으로 문빔(moon beam)이라고 달빛과 같이 은은한 색감을 뜻한다.

양달개비 봄~여름, 5~7월, 자주색
높이 50cm 정도며 줄기는 무더기로 자란다. 닭의장풀과 비슷하나 꽃 색이 진한 자주색이다.

접시꽃 여름, 6월, 붉은색 외
원줄기는 털이 있으며 초여름에 접시 모양의 커다란 꽃이 피고 열매도 둥글납작한 접시 모양이다.

톱풀 여름~가을, 7~10월, 흰색
잎이 어긋나고 길이 6~10cm로 양쪽이 톱니처럼 규칙적으로 갈라져 '톱풀'이라고 한다.

해바라기 여름, 8~9월, 노란색
꽃이 피기 전에만 해를 따라가며, 꽃이 피면 남쪽을 향하고 있다가 씨앗이 여물 무렵에 처진다.

01_ 돌계단 주변에 커다란 암석과 각종 야생화, 조경수로 자연스럽게 꾸민 카페 입구다.

02_ 카페와 나란히 자리 잡은 건축주의 전원주택, 분재 전문가의 정원답게 분재형으로 잘 가꾼 소나무들이 기품을 드러낸 정원이다.

03_ 주정원으로 향하는 진입로 우측에는 대왕참나무를 열식하여 차폐 효과를 냈다.

01_ 대형 바위와 조화를 이루어 소나무, 단풍나무, 산수유를 요점식재하고 관목, 화초류를 틈새식재하여 자연미를 더한 입구 조경이다.
02_ 키 큰 상록수를 배경으로 개류 주변에 설악초, 천일홍, 메리골드 등 화초류를 군식하여 풍성하고 화사하게 연출한 화단이다.
03_ 다원카페 조경에서 눈에 띄는 특색은 곳곳에 아름드리 멋진 분재 소나무와 생긴 그대로의 육중한 자연석을 조화롭게 배치하여 자연의 깊이감을 나타내고 있는 점이다.
04_ 다양한 크기의 바위로 연출하여 만든 맑은 연못, 넓은 정원에 바위의 묵직한 무게감을 더해 자연의 깊은 멋을 끌어냈다.

01

05_ 오랫동안 정성스럽게 가꾼 소나무를 중심으로 어우러진 아름다운 정원의 루프탑 카페이다.
06_ 루프탑 카페에서 내려다본 정원 풍경, 곳곳에 소나무를 포인트로 산책로와 개울, 그라스류와 초화류로 주변을 풍성하고 아름답게 가꿔 둘러보는 즐거움을 준다.
07_ 특수방수처리해 만든 인공계류가 깊은 산중 계곡물과 같은 시원함을 준다.

02

03

04

05

06

07

01

02

03

04

05

06

07

01_ 10여 년에 걸쳐 순지르기와 가지치기 등 장인의 손끝에서 이루어진 세세한 전지·전정으로 아름다운 수형을 유지하고 있는 정원의 명품 분재 소나무다.
02_ 잔디밭 한쪽을 멋지게 장식한 분재 소나무. 아름다운 수형을 잡기 위해 오랜 세월 수많은 손길로 매만지고 또 매만지는 일은 늘 현재 진행형이다.
03_ 밑에서 올려다본 소나무의 모습으로 세세한 가지 끝까지 어느 것 하나 장인의 손을 비켜나간 것이 없다. 오랜 세월 장인의 손으로 완성한 명목 중의 명목이다.
04_ 정원 산책로에 판석을 깔고 곳곳에 야외테이블을 배치해 편히 쉴 수 있는 다양한 휴게공간이 마련되어 있다.
05_ 산석을 쌓아 단을 높이고 사간형소나무와 커다란 자연석을 놓아 차별화된 조경연출로 자연미를 강조한 황토주택 입구다.
06_ 맑은 계류와 조화를 이루어 감상미를 더한 범상치 않은 수형을 자랑하는 분재 소나무다.
07_ 정원 곳곳에 심어 놓은 수목 사이사이로 구불구불 부드러운 곡선의 산책로를 만들어 아기자기한 멋과 운치가 느껴진다.

01_ 오랫동안 청솔조경 농장으로 사용해온 이곳은 사방에 펼쳐진 조경수와 고태미가 묻어나는 조경석들로 자연스러움이 더욱 돋보이는 곳이다.
02_ 장대석을 깔고 화사한 코스모스와 가우라(나비바늘꽃)를 군식하여 마음의 평온과 위안을 주는 산책로이다.
03_ 가우라는 북미 원산으로 부드러운 바람결에도 산들거리며 '춤추는 나비'와 같다 하여 '나비바늘꽃'이라고도 하며 관상초로 사랑받고 있다.

04

04_ 커다란 고사목으로 과감하고 독특하게 천장을 장식하여 눈길을 끄는 개성 있는 분위기의 카페 내부다.
05_ 모노톤의 감각적인 깔끔한 인테리어와 통유리 폴딩도어를 가득 채운 아름다운 정원 풍경이 방문객들의 마음을 편안하게 하는 실내다.
06_ 청솔조경을 상징하는 푸른 소나무가 고개 숙여 손님을 맞는 카페다원의 입구로 자연석과 어우러진 조경과 정교하게 쌓은 석담이 눈길을 끈다.
07_ 사방으로 탁 트인 조망과 함께 내 집처럼 편히 쉴 수 있도록 특색 있고 안락하게 꾸민 루프탑 카페는 손님에게 가장 인기가 많은 곳이다.

05

06

07

75년의 긴 시간과 자연이 만들어낸 범상치 않은 우람한 둥치의 긴 벚나무길이 운치 있는 풍경을 자아내며 텃밭정원이 있는 남한강 변으로 이어진다.

15 33,058 ㎡ 10,000 py

양평 봄파머스가든

삶과 문화가 공존하는 아름다운 자연 정원

위　　치 경기도 양평군 강상면 강남로 729-46
조경면적 33,058㎡(10,000py)
조경설계·시공 봄파머스가든
취재협조 봄파머스가든 T.031-774-8868

산과 강, 숲이 어우러진 경기도 양평군 남한강 변에 위치한 '봄'은 편안한 휴식과 명상, 그리고 다양한 예술과 농촌 체험을 통해 진정한 평화와 휴식을 누릴 수 있는 곳이다. 긴 세월 속에 자연이 만들어낸 숲은 인간의 손으로는 흉내 낼 수 없는 깊이와 아름다움을 간직하고 있다. 조용하고 평화로운 건강한 정원에서 회화, 조각, 사진 등 다양한 미술 전시회와 클래식부터 국악, 재즈 음악회, 그리고 정원 같은 텃밭에서 친환경 유기농으로 야채를 키우고 그것을 재료로 사용해 음식을 만드는 과정을 전부 보고 체험할 수 있다. 레스토랑에서 텃밭정원까지 곧게 이어진 긴 벚나무 길 양쪽에는 우람한 둥치의 벚나무들이 '봄파머스가든'의 분위기를 주도하며 운치 있는 풍경을 자아낸다. 75년이란 긴 세월 동안 이곳을 지켜온 벚나무와 은행나무, 참나무, 느티나무, 자작나무들이 어우러져 숲을 이룬 자연이 만든 정원에 새로 식재한 다양한 나무와 수많은 야생화가 조화를 이루며 아름다운 풍경을 만든다. 특히, 남한강 변을 마주 보고 조성한 '텃밭정원 (Kitchen Garden)'은 봄파머스가든의 자랑으로, 잘 가꾼 텃밭도 하나의 정원이 될 수 있다는 것을 보여주는 좋은 사례다. 2014년 4월 첫선을 보인 이후, 봄파머스가든은 입소문을 타고 많은 사람이 즐겨 찾는 정원이 되었다. 귀농하여 흙을 만지며 자연과 함께 느린 삶을 즐기고 있는 건축주는 문화가 공존하는 여유로운 농촌 생활을 꿈꿔왔다. 오랜 세월이 빚어낸 자연의 정원은 다음 세대까지 이어가야 할 소중한 공간이라고 생각하며 초심을 잃지 않는 마음으로 해마다 아름답게 변화하는 정원을 선보이기 위해 늘 흙을 만지며 자연의 정원에서 식물과 함께 쫓기지 않는 느린 삶을 실천하고 있다.

에메랄드그린
조릿대
이팝나무
참나무 군식
목련
눈주목
화살나무
무늬쥐똥나무
백일홍 군식
은행나무
참나무 군식
카페
갈대
무늬수국
향나무
갈대
느티나무
수크령
천일홍
칸나
미니백일홍
루드베키아
천일홍
칸나
튤립
미니백일홍
백합 군식
소나무
공작단풍
단풍나무
갈대
조형물
라임수국 열식
수크령
눈주목
라임수국 열식
향나무
아트 파크
갤러리
조형물
느티나무

주목
산딸나무
라임수국
분홍바늘꽃
튤립
눈주목
칸나
메리골드
잔디마당
반송
은행나무
자목련
벚나무길
겹매발톱, 무늬둥굴레, 무스카리,
복수초, 수레국화, 튤립, 한라개승마,
히아신스 등 혼합식재
벚나무길
에메랄드그린 열식
은행나무
자작나무
단풍나무
아스파라거스
아주까리
방울토마토
나팔꽃
꼬리풀
빼른가옷
임파첸스
채소
참나무 군식
블루베리
두메부추
단풍나무
우드랜드
느티나무 군식
박태기나무
차이브
채소
강변 데크
채소
키친가든
비너백일홍
능소화
인동덩굴
포도덩굴
느티나무 군식
채소
메리골드
온실 카페
사철나무

W
N
S
E

주요 나무와 야생화 MAJOR TREE & WILD FLOWER

겹매발톱 봄, 4~7월, 분홍색·보라색 등
꽃잎 뒤쪽에 '꽃뿔'이라는 꿀주머니가 매의 발톱처럼 안으로 굽은 모양으로 꽃잎이 여러 장 겹쳐 핀다.

라임수국 여름~가을, 7~10월, 연녹색·백색 등
꽃이 대형 원추꽃차례로 개화 초기에는 연녹색을 띠다 백색으로 변하고 가을에는 연분홍을 띤다.

루드베키아 여름, 6~8월, 노란색
북아메리카 원산으로 여름철 화단용으로 화단이나 길가에 관상용으로 심어 기르는 한해 또는 여러해살이풀이다.

무늬둥굴레 봄~여름, 5~7월, 흰색
높이는 30~60cm로 꽃은 줄기 밑 부분의 셋째부터 여덟째 잎 사이의 겨드랑이에 한두 개가 핀다.

무스카리 봄, 4~5월, 남보라색
다년초 구근식물로 꽃대 끝에 꽃이 단지 모양으로 수십 개가 총상꽃차례로 아래로 늘어져 핀다.

미니백일홍 봄~가을, 5~10월, 붉은색·주황색 등
멕시코 원산지로 꽃이 잘 시들지 않고 100일 이상 오랫동안 피어 유지된다.

박태기나무 봄, 4월, 분홍색
잎보다 분홍색의 꽃이 먼저 피며 꽃봉오리 모양이 밥풀과 닮아 '밥티기'란 말에서 유래 되었다.

베르가못 여름~가을, 6~9월, 붉은색·흰색 등
다년초로 줄기는 곧게 자라며, 네모지다. 많은 원예 품종이 있으며, 매콤한 향과 맛이 난다.

붉은인동 여름, 5~6월, 붉은색
줄기가 다른 물체를 감으면서 길이 5m까지 뻗는다. 늦게 난 잎은 상록인 상태로 겨울을 난다.

산수국 여름, 7~8월, 흰색·하늘색
낙엽관목으로 높이 약1m이며 작은 가지에 털이 나고 꽃은 가지 끝에 산방꽃차례로 달린다.

수레국화 여름, 6~7월, 청색 등
유럽 동남부 원산으로 독일의 국화이다. 꽃 전체의 형태는 방사형으로 배열된 관상화이다.

임파첸스/서양봉선화 여름~가을, 6~11월, 분홍·빨강 등
1년초로 꽃의 크기는 4~5cm이고 줄기 끝에 분홍·빨강·흰색꽃 등이 6월부터 늦가을까지 핀다.

차이브 봄~여름, 5~7월, 분홍색 등
중국파로 잎은 뿌리에서 여러 개가 나며, 가는 원통형이고, 끝은 뾰족하다. 주로 요리와 관상용으로 쓰인다.

천일홍 여름~가을, 7~10월, 붉은색·흰색 등
한해살이풀로 작은 꽃이 줄기 끝과 가지 끝에 한 송이씩 달려 두상 꽃차례를 이룬다.

튤립 봄, 4~5월, 빨간색·노란색 등
꽃은 1개씩 위를 향하여 빨간색·노란색 등 여러 빛깔로 피고 길이 7cm정도이며 넓은 종 모양이다.

히아신스 봄, 3~4월, 푸른색·분홍색 등
꽃은 잎이 없는 줄기 끝에 무리 지어 피며 꽃에서 오일을 채취하여 향료로 쓰인다.

길을 따라 우람한 둥치를 자랑하는 노거수 벚나무가 화사한 숲을 이루며 사람들을 봄의 정취 속으로 흠뻑 빠져들게 한다.

01_ 울창하고 화사한 벚나무로 넓게 둘러싸인 잔디마당은 각종 모임이나 행사, 휴식을 위한 공간으로 사용한다.
02_ 긴 세월을 지켜온 벚나무 숲속 전망 좋은 곳에 레스토랑이 자리하고 있다.
03_ 길게 쭉 뻗은 벚나무길을 사이에 두고 잔디마당과 키친가든으로 나뉘어 길이 조성되어 있다.

04_ 남한강이 바라다보이는 곳에 데크를 깔고 편히 쉴 수 있는 휴식공간을 마련하였다.
05_ 강변을 따라 열식한 아름드리 노거수 벚나무 아래의 넓은 데크는 화사한 강변의 봄 분위기를 놓치지 않으려 찾아오는 사람들이 편하게 쉬어가는 공간이다.
06_ 길게 뻗은 벚나무 산책길에 복수초, 히아신스, 튤립, 관중, 무늬둥굴레, 매발톱꽃, 한라개승마, 애기나리 등 많은 종류의 야생화가 조화를 이루며 분위기를 더한다.

01_ 오랜 시간과 자연이 빚어낸 가을의 벚나무숲 산책길, 인간의 손으로는 흉내 낼 수 없는 깊이와 아름다움을 느낄 수 있다.
02_ 벚나무, 은행나무, 느티나무, 자작나무가 어우러진 숲으로 둘러쳐진 잔디마당의 가을 풍경이다.
03_ 카페에서 텃밭정원으로 이어지는 시골 산책로에 가을 정취가 그윽하다.
04_ 화려한 화단이 손님을 맞는 레스토랑 '꽃'에서는 텃밭정원에서 직접 재배한 친환경 채소로 건강한 음식을 만들어 손님들에게 제공한다.

01

02

03

05_ 입구의 오르막길 끝에 자리 잡은 레스토랑 '꽃'은 봄(BOM)의 이미지에 걸맞게 희망과 행복을 대변하는 화사한 화단으로 언제나 손님들에게 설렘과 기대감을 안겨준다.
06_ 칸나, 메리골드, 천일홍, 억새 등으로 풍성하고 화사한 분위기를 연출한 레스토랑 입구의 화단이다.
07_ 숲과 인간을 연결하는 통로라는 의미로 설치한 붉은색의 철제 구조물을 지나면 아트파크, 갤러리로 이어진다.

01

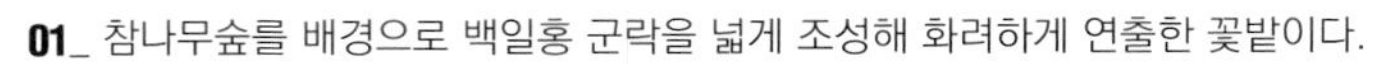

01_ 참나무숲를 배경으로 백일홍 군락을 넓게 조성해 화려하게 연출한 꽃밭이다.
02_ 오래된 노거수들이 자연의 숲이란 인상을 주는 '봄' 가든의 오르막길 출입구다.
03_ 가든 출입구와 가로로 길게 건축한 아트파크의 목조건물이 어우러진 풍경이다.

02

03

04_ 점토벽돌로 식재 공간을 낮게 구획하여 공간별로 각종 채소와 허브류, 식용 꽃,
과일나무 등을 정갈하게 기르는 키친가든이다.
05_ 채소의 색감과 질감, 식용 꽃이나 열매, 허브류, 유실수, 텃밭 지지대 등 여러 가지
식물들의 특성을 고려한 조화로운 배열로 텃밭을 아름다운 하나의 정원으로 구성하였다.
06_ 식물의 특성에 따라 대나무 지지대나 트렐리스를 설치해 정갈한 이미지로 텃밭정원의
볼거리를 제공하면서 레스토랑의 식자재를 직접 재배해 사용하고 있다.

01_ 온실 안에 2×4로 목구조물을 세워 교육이나 체험공간으로 활용하고 있다.
02_ 사람과 자연이 하나가 되는 여유로운 공간, 이곳 자연 정원을 찾아오는 사람들에게 평화와 안식을 안겨주는 정신적 힐링 공간이다.
03_ 온실 안에서 정원을 바라보며 휴식을 취하거나 음식 만드는 과정을 체험해 볼 수 있다.

04_ 목재 트러스(Truss)로 천장을 시원스럽게 노출하고 사방을 유리로 개방하여 숲 속 자연의 멋과 맛을 즐길 수 있는 곳이다.
05_ 폴딩도어를 열어젖히면 안과 밖이 하나의 공간으로 연결되는 열린 공간이다.

평창보타닉가든
PYEONGCHANG BOTANIC GARDEN

옛 추억을 떠올리게 하는 빨간 공중전화 부스의 첨경물이다. 천상의 화원이 따로 없다.
테이블 주변으로 다양한 꽃들이 가득 만발하여 눈을 매료시킨다.

16 66,116 m² 20,000 py

평창 보타닉가든

음악과 감성, 낭만이 흐르는 산중 작은 수목원

위 치 강원도 평창군 방림면 고원로 63
조 경 면 적 66,116㎡(20,000py)
조경설계·시공 건축주 직영
취 재 협 조 보타닉가든 T.033-332-1778

해발 700m가 넘는 강원도 평창 산중에 땀과 정성으로 빚어낸 작은 수목원 보타닉가든이 있다. 부부의 나이를 합쳐 "우리 백 살이 되면 시골 가서 삽시다."라고 한 약속을 지키기 위해 시작한 산속 전원생활, 일반인에게 지금의 아름다운 보타닉가든을 선보이기까지는 무려 8년이란 긴 세월을 공들이며 가꿔왔다. 느리지만 때가 되면 꽃을 피우는 고원의 식물처럼 오랜 세월 끝에 모습을 갖추게 된 보타닉가든은 찾아오는 이들에겐 더없이 행복한 쉼터다. 이제 어엿한 꽃의 전도사가 된 부부는 지금도 늘 호미와 전지가위를 들고 식물 하나하나를 자식처럼 보살피며 가꾼다. 넓은 정원에는 분수가 시원한 물줄기를 뿜어내고, 300여 종이 넘는 수많은 나무와 화초가 정원을 가득 풍성하고 아름답게 수놓는다. 건물 1층에는 전시장과 엔틱소품샵이 자리하고, 2층 카페는 보타닉가든에서 가장 아름다운 꿈의 테라스정원이 넓게 펼쳐져 있어 보는 이들을 매료시킨다. 포멀식 가든으로 디자인한 테라스 정원에는 화단마다 낮은 관목과 다양한 화초류를 조화롭게 심어 화려하고 풍성한 꽃도 구경하고 열려있는 공간에서 보타닉가든의 시원스러운 전망까지 한눈에 즐길 수 있다. 포토존을 비롯하여 다양하고 아기자기한 오브제들이 정원의 분위기를 더해주는 아름다움과 여유로움이 넘치는 휴식공간이다. 이따금 산속 작은 음악회와 프리마켓, 스테인드글라스 강좌 등 이벤트를 준비하여 주변 사람들과 아름다운 정원을 함께 공유하며 서로 정을 나누기도 한다. 산책로를 따라 수목원을 둘러보고 카페에 앉아 테라스 정원의 아름다운 꽃들을 바라보며 마시는 차 한 잔의 여유로움, 음악이 흐르고 감성과 낭만이 더해지는 아름다운 정원이다.

카페
입구
1층 조경
계단
파랑세덤
마거리트, 물싸리
천리향, 백리향
범부채, 목단
카네이션, 사계국화
자엽펜스테몬
삼색버드나무
등 혼식
범부채
스피아민트
꽃양귀비
용머리
물싸리
등 혼식
화이트핑크셀릭스
(삼색버드나무)
범부채
물싸리(핑크)
철쭉
큰꿩의비름
소나무
코스모스
황금달맞이
해바라기
백리향
화이트핑크셀릭스
마호가니부용
수국
철쭉
소나무
철쭉
토포존
범부채, 마거리트
카네이션, 목단과꽃
델피늄, 무늬비비추
무늬옥잠화, 파랑세덤
노루오줌, 천리향
큰꿩의비름, 스피아민트
등 혼식
목단
파랑세덤
천리향
마거리트
파랑세덤
과꽃
자엽펜스테몬
우단동자꽃
범부채
물싸리
황금측백
패랭이꽃
사계국화
사철나무

N
W
E
S

카페
입구
출입구
용머리
아주가, 백리향
코스모스, 델피늄
무늬비비추
무늬목잠화
참산부추
구절초, 범부채
자엽펜스테몬
화이트핑크셀릭스
등 혼식
용머리
범부채
자엽펜스테몬
물싸리
등 혼식
철쭉
범부채, 마거리트, 물싸리
파랑세덤, 용머리
소나무, 무늬비비추
무늬옥잠화, 스피아민트
천리향, 백리향, 카네이션
코스모스 등 혼식
홍가시나무
물싸리
리
아주가
사계국화
황금조팝
코스모스
꽃양귀비
노루오줌
기린초
아주가
붓꽃
물싸리
철쭉

<가페 앞 테라스조경>

주요 나무와 야생화 MAJOR TREE & WILD FLOWER

과꽃 여름~가을, 7~9월, 붉은색 등
줄기는 가지를 많이 치며, 꽃은 국화와 비슷한데 지름 6~7.5cm로 긴 꽃자루 끝에 달린다.

금평의다리/금가락풀 봄~여름, 7~8월, 자주색
노란색의 수술 때문에 '금평의다리'라고 한다. 관상용으로 심고, 어린 순과 줄기는 식용한다.

기린초 여름~가을, 6~9월, 노란색
줄기가 기린 목처럼 쭉 뻗는 기린초는 아주 큰 식물이 아닐까 생각되지만 키는 고작 20~30㎝ 정도이다.

마거리트 여름~가을, 7~10월, 흰색 등
다년초로 높이는 1m 정도이고, 쑥갓과 비슷하지만, 목질이 있으므로 '나무쑥갓'이라고 부른다.

마호가니부용 여름~가을, 7~10월, 자주색
꽃은 부용과 흡사하고 잎은 공작단풍처럼 가늘게 갈라지고 꽃을 포함한 전체가 마호가니 색이다.

물싸리 여름, 6~8월, 노란색
개화 기간이 길다. 정원의 생울타리, 경계식재용으로 또는 암석정원에 관상수로 심어 가꾼다.

백합 봄~여름, 5~7월, 흰색·노란색 등
원예종까지 합쳐 1천여 종이 넘는다. 근경의 비늘 조각이 100개나 된다는 데서 백합(百合)이라고 한다.

범부채 여름, 7~8월, 붉은색
꽃은 지름 5~6cm이며 수평으로 퍼지고 노란빛을 띤 빨간색 바탕에 짙은 반점이 있다.

붉은조팝나무 여름, 6월, 분홍색
키는 1m 정도이고, 꽃이 만발한 식물체의 모양이 튀긴 좁쌀을 붙인 것같이 보인다고 하여 조팝나무라 한다.

섬백리향 여름, 6~7월, 분홍색
가지를 많이 내며 땅 위로 뻗는다. 어린나무는 포기 전체에 흰 털이 나고 향기가 강하다.

아주가 봄, 5~6월, 보라색
꽃은 5~6월에 걸쳐 푸른 보라색으로 피며 꽃대 높이는 15~20cm이다. 잎이나 줄기에 털이 없다.

용머리 여름, 6~8월, 자주색
줄기는 15~35cm 높이로 화관은 통처럼 생기고 길이 3cm 내외로서 끝이 입술 모양이다.

우단동자꽃 여름, 6~7월, 붉은색·흰색 등
높이 30~70cm의 다년초로 전체에 흰 솜털이 빽빽이 나며 줄기는 곧게 서고 가지가 갈라진다.

자엽펜스테몬 봄~여름, 4~6월, 흰색
미국이 원산지로 꽃은 통 모양으로 좌우대칭이며 검붉은 색의 잎과 줄기가 이국적인 매력을 풍긴다.

코스모스 여름~가을, 6~10월, 연한 홍색·백색 등
멕시코 원산의 1년초로서 관상용으로 널리 심고 있으며 가지가 많이 갈라진다.

화이트핑크셀릭스 봄, 5~7월, 분홍색
우리말로 표현하면 흰색·분홍색 버드나무란 뜻으로 꽃이 아니며 잎이 계절별로 변하는 수종이다.

강원도 평창 해발 700m가 넘는 산중이라 5월 중순경에야 만발한 꽃들을 볼 수 있다. 진입로 주변으로 비 갠 뒤 수채화 같은 풍경이 펼쳐지고 있다.

01_ 연못 위쪽 건물 1층에는 유리공예와 조각품이 전시되어 있고, 2층 카페에는 테라스 정원이 그림처럼 펼쳐져 있다.
02_ 건물 앞에는 일광욕을 즐길 수 있는 넓은 데크가 있고, 2단으로 조성한 연못 주변에는 다양한 오브제들이 정원의 분위기를 더한다.
03_ 스몰웨딩이나 소모임 등 다양한 행사를 할 수 있는 야외무대이다.

04_ 부부의 손으로 하나하나 만들어 놓은 화단과 2층으로 오르는 어프로치다. 다양한 화초들로 풍성하게 가꾼 화단은 방문객들의 눈을 호사시킨다.
05_ 산책로를 따라 걷다 보면 정원 구석구석 화사하게 만발한 다양한 꽃들을 구경하는 즐거움이 찾을 수 있다.
06_ 연못 주변에 심은 철쭉류와 다양한 초화류는 계절마다 화사한 꽃으로 야외무대의 감성적인 분위기를 고조시킨다.
07_ 드넓은 정원은 나무와 꽃들로 가득 차 있다. 어느 한 부분도 관리의 소홀함이 없을 만큼 성실하고 부지런한 부부의 정원 사랑을 짐작할 수 있다.

01_ 옥상에서 내려다본 테라스가든, 화단마다 정성 들여 가꾼 풍성한 꽃으로 여유로운 감성과 낭만이 흐르는 아름다운 힐링 공간이다.
02_ 산세의 고저 차가 크지 않은 자연지형을 효율적으로 잘 이용하여 낮은 경사지 진입로에 만든 화사한 화단이다.
03_ 울창한 소나무 숲을 배경으로 건물과 테라스가 고풍스러운 분위기로 풍경을 자아낸다.

04_ 8년이란 오랜 세월의 노력 끝에 마침내 모습을 갖추게 된 아름다운 보타닉가든이다.
05_ 앞으로 시원하게 열린 2층 테라스 가든과 힐 사이드에 넓게 펼쳐진 정원이 어우러져 풍경을 이룬 산속의 아름다운 정원이다.
06_ 데크 사이사이로 만든 포멀가든 형태의 테라스 정원에는 낮은 관목과 다양한 화초류가 풍성하여 꽃을 하나하나 관찰하며 감상하는 즐거움이 있다.
07_ 아름다운 테라스 정원과 탁 트인 전경이 한눈에 들어오는 수목원의 풍경이다.

01_ 화단마다 다양한 꽃들로 가득 차 있고, 포토존을 비롯한 갖가지 오브제들이 정원에 아기자기한 분위기를 더해준다.
02_ 식물의 월동을 위한 온실과 산에서 흐르는 물을 이용해 만든 2단 연못이다.
03_ 흰 마거리트 꽃밭 속에 은빛 사슴 한 마리가 뛰어들어 향기에 취했다.
04_ 실용적인 철제 파고라와 목재플랜트 화단으로 꾸민 매표소 입구, 황금달맞이꽃, 플록스, 철쭉, 화이트핑크셀릭스가 한창이다.
05_ 자연석과 조화를 이루며 붉은조팝나무 군식으로 조성한 화단이다.

06_ 넓은 카페 내부는 창으로 유입되는 햇살로 양명하고 시원스러운 분위기다.
07_ 고벽돌로 변화감을 준 브라운 톤의 차분하고 중후한 분위기의 카페이다.
08_ 용자살 아치형의 쌍창에 들어온 테라스 정원의 아름다운 풍경은 음악과 함께 카페의 감성적인 분위기를 고조시킨다.

전통한옥을 이축해 그대로 재현한 안채와 사랑채,
뒤쪽의 신축 노출콘크리트 '천목다실' 별채는 전통과 현대문화의 조화를 잘 보여주고 있다.

17 10,248 ㎡ 3,100 py

완주 아원고택

전통과 현대의 절묘한 어우러짐, 자연 속 '우리들의 정원'

위 치 전라북도 완주군 소양면 송광수만로 516-7
조 경 면 적 10,248㎡(3,100py)
조경설계·시공 건축주 직영
취 재 협 조 아원고택 T.063-241-8195

아원(我園)은 경남 진주에 지어진 250년 된 전통한옥을 종남산 자락 아래에 있는 오성한옥마을로 이축한 한옥이다. 천지인, 사랑채, 안채, 별채의 4개 동 6개 객실로 구성된 아원고택은 3동의 한옥 스테이와 전통과 현대를 잇는 갤러리와 카페를 겸한 1동의 모던 건축물로 이루어져 있다. 전통한옥을 중심으로 현대적인 건축을 자랑하는 미술관과 생활관이 함께 공존한다. 건축이 공학이면서 인문학임을 자랑하는 복합문화공간으로 현대와 전통이 자연 속에 절묘하게 어우러져 새로운 공간을 구현한 나의 정원, 우리들의 정원이라는 의미를 담고 있다. 전통과 현대, 갤러리와 스테이, 자연과 조경이 공존하는 아원(我園)은 태백산의 끝자락 종남산의 풍광과 뒤편에 빼곡히 들어선 대나무가 바람결에 일렁이는 청명한 음색에 마음을 빼앗길 만큼, 깊은 자연 속의 무릉도원을 떠올리게 하는 특별한 곳이다. 대청마루와 처마선이 어우러진 한옥은 자연과 동질감을 주는 구조와 절제미를 보여 머무름 그 자체만으로도 독특한 쉼과 힐링을 체험하게 된다. 만휴당의 대청마루에 앉아 눈앞에 마주하는 종남산을 바라보고 있노라면 이따금 들려오는 풀벌레 소리와 새소리가 한옥 고유의 나무 내음과 어우러져 오감을 자극한다. 고택 주변으로는 절제미를 보이며 한옥과 조화를 이룬 조경이 간결하고 단아하게 조성되어 있다. 곳곳에 소나무를 포인트로 다양한 형태의 수공간과 돌담, 점경물들이 종남산의 차경과 폭넓게 어우러져 그 어디에서도 쉽게 느낄 수 없는 한옥의 새로운 깊은 멋과 아름다움을 느낄 수 있다. 계절마다 변하는 종남산의 풍광과 바람, 그리고 오감으로 자연을 느끼게 하는 한옥 스테이 체험은 이곳을 다녀간 이들에게는 잊을 수 없는 특별한 추억이 될 것이다.

대나무 군락
에버골드사초
마가목
사초류 군락
배롱나무
홍매화
장독대
팥배나무
칠엽수
목수국
능소화
목수국
맥문동 군식
영산홍
은행나무
수수꽃다리
산수유
좀작살나무
동백나무
사랑채
맥문동
남천
수국
담쟁이덩굴
별채
안채
차나무 군락
연못
소나무
홍단풍
배롱나무
동백나무
마거리트
튤립
맥문동 군식
배롱나무
회양목
소나무
배롱나무
주목

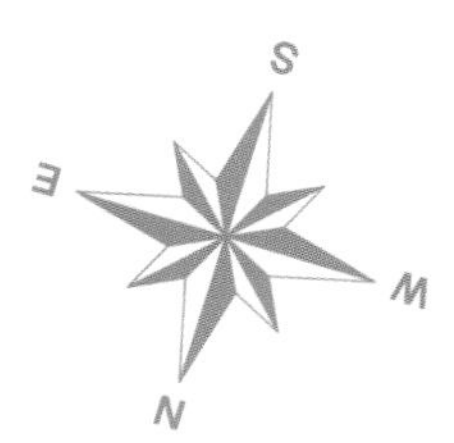
S
E
W
N

대나무 군락
사초류 군락
배롱나무
경관석
에버골드사초
사초류 군락
실사초
수련
배롱나무
붓꽃
목수국
남천
수국
주목 열식
주목 열식
벚꽃나무
마가목
수련
연못
맥문동
팥배나무
한옥
천지인
비비추 군식
상사화 군식
종지나물 군식
거울못
비비추 군식
목수국
작약
영산홍 군식
소나무
소나무
경관석
물칸나
담쟁이덩굴
1층
카페 입구
배롱나무
배롱나무
동백나무
느티나무
대나무
회양목 열식
철쭉
주목 열식
무스카리
주목
소나무
영산홍 군식
수수꽃다리

주요 나무와 야생화 MAJOR TREE & WILD FLOWER

겹벚꽃나무 봄, 4~5월, 분홍색
벚꽃이 여러 겹이여 붙여진 이름으로 잎도 크고 꽃도 큰 편이어서 꽃만 피면 쉽게 구별할 수 있다.

낙상홍 여름, 6월, 붉은색
열매는 5mm 정도로 둥글고 붉게 익는데, 잎이 떨어진 다음에도 빨간 열매가 다닥다닥 붙어 있다.

능소화 여름, 7~9월, 주황색
가지에 흡착 근이 있어 벽에 붙어서 올라가고 깔때기처럼 큼직한 꽃은 가지 끝에 5~15개가 달린다.

대나무 여름, 6~7월, 붉은색
줄기는 원통형이고 가운데가 비었다. '매난국죽(梅蘭菊竹)'. 사군자 중 하나로 즐겨 심었다.

동백나무 봄, 12~4월, 붉은색
5~7개의 꽃잎은 비스듬히 퍼지고 수술은 많으며 꽃잎에 붙어서 떨어질 때 함께 떨어진다.

마거리트 여름~가을, 7~10월, 흰색 등
다년초로 높이는 1m 정도이고, 쑥갓과 비슷하지만, 목질이 있으므로 '나무쑥갓'이라고 부른다.

배롱나무/백일홍/간지럼나무 여름, 7~9월, 붉은색 등
100일 동안 꽃이 피어 '백일홍' 또는 나무껍질을 손으로 긁으면 잎이 움직인다고 하여 '간지럼나무'라고도 한다.

산수유 봄, 3~4월, 노란색
봄을 여는 노란색 꽃은 잎보다 먼저 피는데 짧은 가지 끝에 산형꽃차례로 20~30개가 모인다.

삼나무 봄, 3월, 황색
일본이 원산지인 상록침엽수로 원뿔 모양이며 제주도에서는 방풍림으로 많이 식재되어 있다.

수수꽃다리 봄, 4~5월, 자주색·흰색 등
한국 특산종으로 북부지방의 석회암 지대에서 자라며 묵은 가지에서 피는 꽃은 향기가 짙다.

작약 봄~여름, 5~6월, 분홍색 등
줄기는 여러 개가 한 포기에서 나와 곧게 서고 꽃은 지름 10cm로 아름다워 원예용으로 심는다.

좀작살나무 여름, 7~8월, 자주색
가지는 원줄기를 가운데 두고 양쪽으로 두 개씩 마주 보고 갈라져 작살 모양으로 보인다.

차나무 가을, 10~11월, 흰색·연분홍색
수술은 180~240개이고, 꽃밥은 노란색이다. 강우량이 많고 따뜻한 곳에서 잘 자란다.

튤립 봄, 4~5월, 빨간·노란색 등
관상용 다년생 구근초로 비늘줄기는 달걀 모양이고 원줄기는 곧게 서며 갈라지지 않는다.

홍매화 봄, 2~4월, 붉은색
높이 5~10m로 꽃은 잎과 같이 피고 붉은색 꽃이 겹으로 핀다. 매실은 공 모양의 녹색이다.

후르츠세이지 여름~가을, 7~10월, 빨간색·흰색
허브종류로 온두라스가 원산지이며, 잎사귀에서 후르츠 칵테일 향이 나는 세이지라고 붙여진 이름이다.

아래층에서 뮤지엄 계단을 오르면 3채의 한옥과 현대식 건물의 별채가 산자락 아래 고즈넉한 풍경을 그리며 고풍스러운 자태를 드러낸다.

01_ 뒷산을 배경으로 사랑채 연하당(煙霞堂)과 안채 설화당(設話堂), 고태미가 흐르는 석축과 기와돌담이 조화를 이루며 고즈넉한 분위기로 풍경을 이룬다.
02_ 차경과 어우러져 자연과 하나 된 한옥, 안채 마당에 서 있는 기품 있는 소나무 한 그루가 조경의 절제미를 보여준다.
03_ 무성하게 들어선 뒤뜰의 대나무 숲과 만휴당 뜨락, 바람에 일렁이는 대나무 소리에 귀 기울이면 청량한 느낌의 색다른 세상이 열린다.
04_ 사계절 풍광과 바람 등 자연의 깊이와 아름다움을 느끼기에 더없이 완벽한 공간, 연못에서는 자연의 반영이 끊임없이 이루어지고 있다.

01

02

03

04

05_ 산 그림자가 내려와 수묵화처럼 연못에 비치는 '설화당(設話堂)'이다.
06_ 간결하고 여백미를 준 ㄱ자 형태의 연못 한쪽에 넓고 긴 대리석 평석을 놓아 점경물 겸 휴식공간으로 활용하고 있다.

01_ 같은 돌이지만 자연석과 가공석을 용도에 맞게 적절하게 사용하여 조화롭게 연출한 돌계단이다.
02_ 녹차밭에 설치한 원형 물확에서 발원하여 돌출된 직사각형의 누조를 따라 물이 연못으로 떨어진다.
03_ 자연석으로 막쌓기 한 석축과 장대석계단 주변에는 목수국과 후르츠세이지가 화사함을 드러낸다.
04_ 디딤돌을 따라 걷다 보면 마주하게 되는 석축 위에 우뚝 솟은 한옥이 보인다.

05

05_ 만휴(萬休)당의 소쇄문을 지나 담장 밑 경사지에 직사각형 석조와 장독대 등 점경물을 배치하여 전통의 멋을 살렸다.
06_ 샘물이 수경 보조시설인 나무홈대를 타고 석조에 모인다.
07_ 대나무 숲을 배경으로 경사지에 배롱나무, 마가목, 소나무, 목수국을 심고 산의 계류를 이용하여 만든 자연스러운 연못으로 조경 효과를 거두었다.

06

07

01_ 솟을대문 앞에는 자연석을 두른 비정형의 연못을 두어 자연과의 조화를 꾀했다.
02_ 나지막한 돌담에 기와를 얹은 S자 형태의 넓은 진입로가 방문객의 동선을 편안하게 이끈다.
03_ 유난히 높은 돌담이 눈길을 끄는 아원고택 진입로다. 크고 작은 돌로 퇴물림 하며 막쌓기 한 석축에서 범상치 않은 장인의 손길이 느껴진다.
04_ 돌담 위에 쌓은 와적담과 석축이 전통한옥과 어우러져 색다른 멋을 자아낸다.
05_ 현대적 소재인 노출콘크리트로 지은 미니멀한 건축 위로 한옥이 모습을 보이는 아원 뮤지엄 입구다.
06_ 천지인 만휴당 마당에서 내려다본 진입로는 에메랄드빛의 신록이 가득하다.
07_ 경사면의 안정화를 위해 쌓은 석축이 성벽 같은 위용을 자랑하며 독특한 석축의 멋을 나타낸다.

05

06

07

01_ 위봉산 자락 남서쪽에 고즈넉이 자리 잡고 있는 아원은 천지인, 사랑채, 안채, 별채인 4개 동의 전통한옥과 1개의 현대 건축물로 구성되어 있다.
02_ 만휴당과 마당이 연결된 아원 뮤지엄의 옥상 위에 자리한 거대한 수조 정원, 쾌청한 날엔 종남산과 하늘이 오롯이 투영되어 그 자체만으로도 하나의 작품이 된다.
03_ 전통이 자연 속에 자연스럽게 녹아 들어 이질감 없는 아름다움과 고품격의 절제미를 품고 있는 아원고택의 야경이다.
04_ 만휴당은 만사를 제쳐놓고 한옥에서의 쉼을 통해 정신적인 힐링을 한다는 의미다. 들어걸개문만 걸어 올리면 사방으로 자연과 거침없이 소통하는 공간이 된다.

06

07

05

05_ 만휴당의 대청마루에 앉아 있으면 종남산이 마치 나의 정원인양 마음 넉넉한 기분을 만끽할 수 있는 것이 아원의 매력이다.
06_ 건물 사이에 심어놓은 사간 소나무 한 그루는 마치 거친 붓끝으로 완성한 그림처럼 간결한 곡선을 드러내며 조경의 절제미를 한껏 보여준다.
07_ 아원 뮤지엄은 미술작품을 더욱 돋보이게 하는 담담한 공간과 낮은 가구 배치, 조명을 비롯해 하늘로 열리는 천장이 특징이다.

흙시루 입구에 들어서면 여러 채의 기와집, 초가집, 너와집이 배치되어 있다.
토속음식뿐만 아니라 과거와 현재의 문화를 경험하고, 미래를 열어갈 새로운 가치를 발견할 수 있는 곳이다.

18 19,835 m² 6,000 py

기장 흙시루

전통문화가 살아 숨 쉬는 도심 속 그린 오아시스

위 치 부산광역시 기장군 기장읍 차성로451번길 28
조 경 면 적 19,835㎡(6,000py)
조경설계·시공 건축주 직영
취 재 협 조 흙시루 T.051-722-1377

흙으로 만든 시루라는 뜻의 '흙시루'는 기와집, 초가집, 너와집, 토굴, 원두막 등 옛 정취가 묻어나는 우리 고유의 건축물로 이루어진 도심 속의 그린 오아시스와 같은 복합문화공간이다. 토속음식과 함께 향토적인 맛과 멋으로 우리 전통문화의 아름다움과 소중함을 실생활에서 직접 알리고 보고 체험할 수 있는 전통문화의 장으로서 역할을 톡톡히 해내고 있다. 사간 소나무가 인상 깊게 드리워진 입구에 들어서면 말쑥한 팔작지붕의 한옥 카페와 전통 생활소품들을 진열해 놓은 초가집 민속관, 식당 공간으로 사용하는 너와집, 그리고 디딤석, 절구와 물확, 장독대, 물레방아 연못 등 전통 요소들로 조화롭게 연출한 흙시루의 큰 마당이 시원하게 펼쳐진다. 집 주변은 아기자기하게 꾸민 야생화 정원과 수백 종의 활엽수와 과실수로 이루어진 식물원, 야외 결혼식을 위한 그라스정원 등 한국과 유럽식 정원이 약 6,000여 평 규모로 크게 조성되어 있다. 정원 온실에서는 해마다 계절 이벤트로 봄에는 야생화 및 분재, 가을에는 국화 전시회를 열어 식물 마니아들에게 여러 가지 식물에 대한 정보와 정성들여 만든 작품들을 선보일 기회도 제공한다. 온실에는 상시 다양한 분경 작품들을 전시하여 볼거리를 제공하고, 온실 밖으로 이어진 식물원은 아기자기한 산책로를 따라 수백 종이 넘는 식물들을 구경하며 힐링하기에 좋은 곳이다. 바쁜 일상은 잠시 뒤로, 대지의 리듬과 계절의 변화를 느끼고 전통문화의 지혜를 깨우치며 세상의 흐름을 관조하는 정신과 마음의 여유를 찾을 수 있는 아름다운 공간. 이런 가치를 추구하며 전통의 멋을 알리는 흙시루의 주인장은 찾는 이들이 좀 더 편안한 공간에서 머물 수 있도록 늘 주변을 아름답게 가꾸며 세심한 정성을 쏟고 있다.

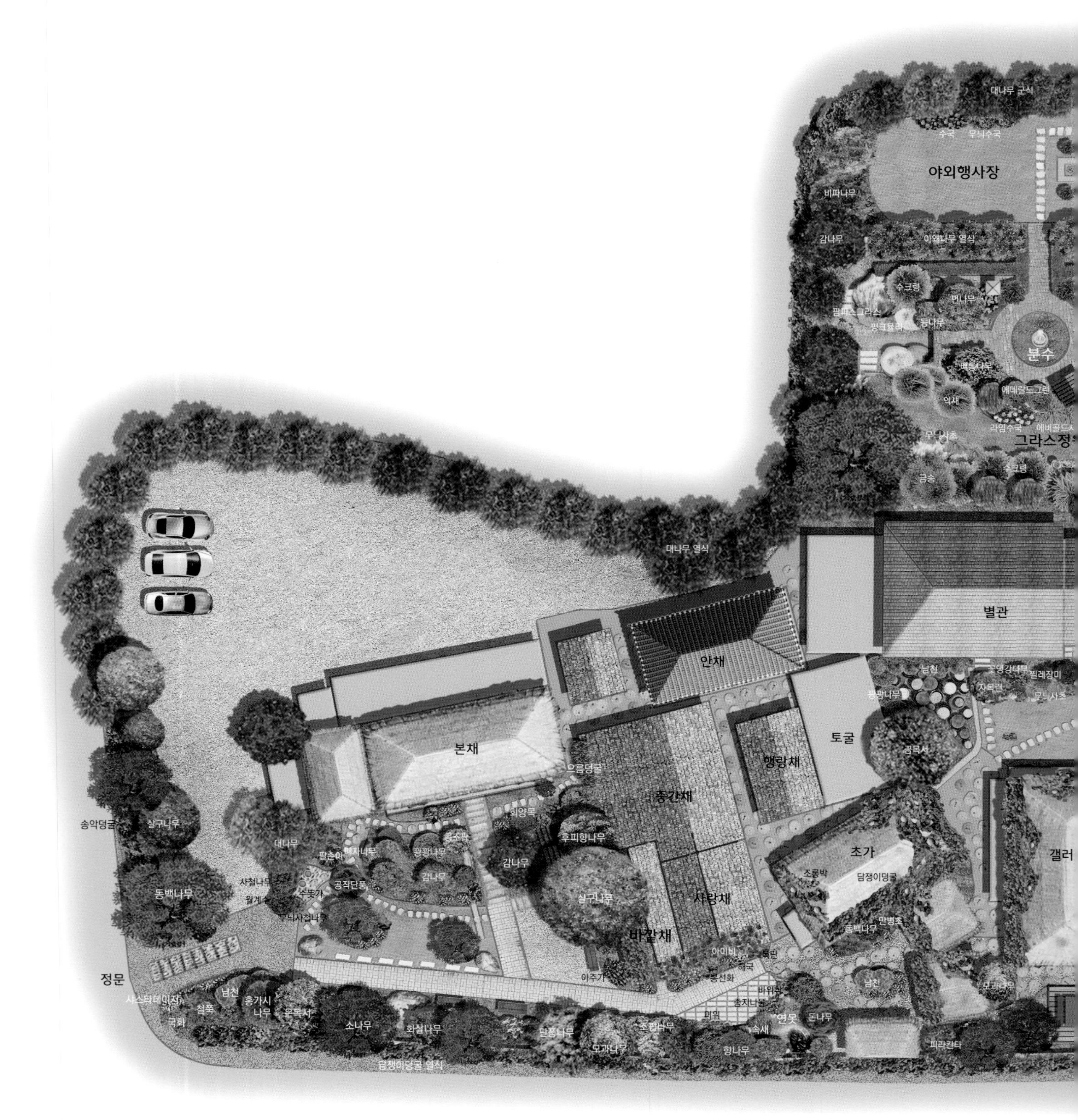
대나무 군식
수국
무늬수국
야외행사장
비파나무
감나무
아왜나무 열식
수크령
먼나무
팜파스그라스
핑크뮬리
등나무
분수
에메랄드그린
억새
라임수국
그라스정
무늬사초
수크령
금송
대나무 열식
별관
안채
남천
꽃댕강나무
찔레장미
광광나무
자목련
무늬사초
토굴
공목서
본채
으름덩굴
행랑채
종간채
회양목
송악덩굴
살구나무
대나무
팥손이
매자나무
광광나무
후피향나무
감나무
초가
갤러
조롱박
담쟁이덩굴
동백나무
사철나무
수돗가
공작단풍
감나무
월계수
무늬사철나무
살구나무
사랑채
바깥채
만병초
동백나무
아이비
목단
해국
봉선화
아주가
정문
남천
바위취
종지나물
머위
연못
돈나무
모과나무
철쭉
홍가시
나무
윤목서
소나무
화살나무
단풍나무
조팝나무
속새
모과나무
향나무
피라칸타
국화
담쟁이덩굴 열식

미니동물원
정자
보리수
산수국
수국길
목단
앵두나무
꽃사과
은행나무
명자나무
호랑가시나무
느릅나무
구갑죽
호랑가시
장미
만병초
능소화
마가목
구골목서
아왜나무
공작단풍
동백나무
수세미
장미 박 터널
팜파스그라스
버드나무
식물원
금목서
석류
으름덩굴 터널
연못
스트로브잣나무
단풍나무
백당나무
은목서
먼나무
억새
마삭줄
피라칸다
아스타
온실
팽나무
후문
식물원 정문
소나무
감나무
카페
안채
옥향 열식
수크령
장미파고라
종려나무

N
E
S

주요 나무와 야생화 MAJOR TREE & WILD FLOWER

감나무 봄, 5~6월, 노란색
경기도 이남에서 과수로 널리 심으며 수피는 회흑갈색이고 열매는 10월에 주황색으로 익는다.

금송 봄, 3~4월, 연노란색
잎 양면에 홈이 나 있는 황금색으로 마디에 15~40개의 잎이 돌려나서 거꾸로 된 우산 모양이 된다.

꽃사과 봄, 4~5월, 흰색 등
잎은 사과 잎보다 연한 녹색으로 광택이 나며 꽃은 한 눈에서 6~10개의 흰색·연홍색의 꽃이 핀다.

댕강나무 봄, 5월, 흰색
엷은 홍색 꽃이 잎겨드랑이 또는 가지 끝에 두상으로 모여 한 꽃대에 3개씩 꽃이 달린다.

동백나무 봄, 12~4월, 붉은색
5~7개의 꽃잎은 비스듬히 퍼지고 수술은 많으며 꽃잎에 붙어서 떨어질 때 함께 떨어진다.

마삭줄 봄, 5~6월, 흰색
사철 푸른 잎과 진홍색의 선명한 단풍과 함께 꽃과 열매를 감상할 수 있어 관상용으로 키운다.

먼나무 봄, 5~6월, 연자주색
가을이면 연초록빛의 잎사귀 사이사이로 붉은 열매가 나무를 온통 뒤집어쓰고, 겨울을 거쳐 늦봄까지 매달려 있다.

명자나무 봄, 4~5월, 붉은색
정원에 심기 알맞은 나무로 여름에 열리는 열매는 탐스럽고 아름다우며 향기가 좋다.

미국쑥부쟁이 가을, 9~10월, 푸른색·흰색
북아메리카가 원산지로 쑥부쟁이 종류는 흔히 연보랏빛 꽃이 피는데, 미국쑥부쟁이는 흰 꽃이 핀다.

살구나무 봄, 4월, 붉은색
꽃은 지난해 가지에 달리고 열매는 지름이 3cm로 털이 많고 황색 또는 황적색으로 익는다.

앵두나무 봄, 4~5월, 흰색
앵도나무라고도 한다. 꽃은 흰색 또는 연한 붉은색이며 둥근 열매는 6월에 붉은색으로 익는다.

은목서 가을, 10월, 흰색
잎은 잔 톱니가 있고 잎맥이 도드라지고 잎겨드랑이에 자잘한 흰색 꽃이 모여 달리는데 향기가 강하다.

팽나무 봄, 4~5월, 녹색
줄기가 곧게 서며 높이 20m로 마을 근처의 평지에서 옛날부터 방풍림이나 녹음을 위해 심었다.

피라칸다 봄~여름, 5~6월, 흰색
상록 관엽식물로 높이 1~2m까지 자라고 가지가 많이 갈라지고 서로 엉키고 가시가 많다.

호랑가시나무 봄, 4~5월, 흰색
크리스마스 장식용으로 쓰이며 잎은 두꺼우며 윤채가 나고, 타원 육각형으로 각 점이 가시가 된다.

화살나무 봄, 5월, 녹색
많은 줄기에 많은 가지가 갈라지고 가지에는 화살의 날개 모양을 띤 코르크질이 2~4줄이 생겨난다.

원형 연못과 아치형 가벽 주변의 식물들이 풍성하고 싱그러운 분위기를 자아내는 야외행사를 위한 그라스정원이다.

01

02

01_ 전통문화를 사랑하고 보존하는 곳으로 음식점이라기보다는 작은 민속촌 같은 분위기의 초가집 민속관이다.
02_ 안마당 안쪽에 낮은 와적담장을 두른 장독대가 넓게 자리 잡고 있다.
03_ 20여 년의 세월을 지켜온 지역에서 유명한 한식당으로, 줄을 서서 기다리는 고객들을 위해 정원을 가꾸기 시작하였다고 한다.

03

04

04_ 흙시루에서의 초가집은 맥이 끊긴 낡은 유물이 아닌 현대인과 함께 살아 숨 쉬는 친근감 있는 삶의 공간으로 전통문화의 정취를 잘 전달하고 있다.
05_ 안쪽에 아파트를 배경으로 서 있는 여러 채의 초가집은 수백 년의 역사를 훌쩍 뛰어넘어 과거와 현재가 함께 공존하는 삶, 그 삶의 가치를 되돌아 보게 한다.
06_ 장방형의 판석을 장축으로 규칙성 있게 포장한 진입로의 모습이다.

05

06

01_ 담쟁이덩굴이 외벽을 감싸고, 바닥은 솔잎으로 덮고 그 위에 돗자리를 깔아 솔향으로 가득한 이색적인 토굴 식당이다.
02_ 분위기뿐만 아니라 한국 전통 민속박물관에 온 듯한 다양한 볼거리와 즐길 거리를 두루두루 갖추고 있다.
03_ 자연석과 맷돌을 조합하여 숲속의 약수터 같은 분위기로 수돗가를 자연스럽게 연출하였다.

04_ 대나무가 숲을 이룬 후정에 만든 방형의 연못, 양쪽에 옥향을 나란히 식재하였다.
05_ 경사지에 붉은 벽돌로 단을 쌓아 만든 화단에 오벨리스크를 설치하여 덩굴식물이 타고 오를 수 있도록 꾸민 그라스정원이다.
06_ 붉은 점토벽돌의 어프로치와 자연풍경식으로 꾸민 유럽식 정원의 입구다.

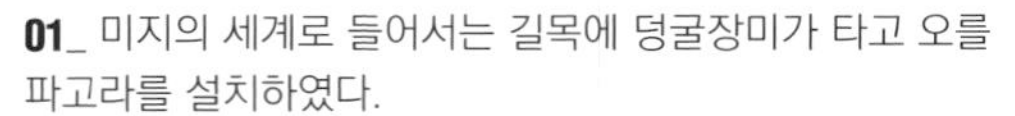

01_ 미지의 세계로 들어서는 길목에 덩굴장미가 타고 오를 파고라를 설치하였다.
02_ 식물을 관리하는 온실에도 화단을 들이고 테이블을 배치하여 추운 겨울철에도 녹색 휴식 공간으로 이용한다.
03_ 현무암으로 만든 연자방아 점경물에 눈향나무, 마거리트, 패랭이꽃, 디모르포세카, 아네모네 등을 심어 꾸민 분경이다.
04_ 마운딩 처리한 화단 중심에 수형이 아름다운 커다란 반송을 요점식재하였다.

05_ 각종 식물이 풍성하게 우거진 정원 산책로의 으름덩굴터널 속에 만든 휴식공간이다.
06_ 물레방아 연못, 야생화 정원 등 다양한 구역으로 이루어진 6,000여 평의 넓은 흙시루는 전통과 현대문화가 조화롭게 접목된 회색 도심 속 그린 오아시스이다.
07_ 석축으로 이루어진 양지바른 높은 외벽은 싱그러운 담쟁이덩굴이 한창이다.

05

06

07

01_ 흙시루의 이미지와도 잘 어울리고 신, 구세대를 모두 아우를 수 있는 따뜻한 분위기의 카페 내부이다.
02_ 한국 전통의 멋과 맛이 가득한 흙시루를 상징하는 간판이다. '시루'는 주로 떡을 찌는 데 사용하는 용기로, 뜨거운 김이 시루 안으로 통할 수 있도록 밑에는 여러 개의 구멍이 뚫려 있다.
03_ 사간 소나무가 고개 숙인 입구에 들어서면 옛 생활소품들을 전시해 놓은 '육주헌'이라는 전시관이 있다.

01

02

03

04_ 카페 프레스트는 한옥 벽체 대신 현대화한 출입문과 통유리로 개방감을 높였다.
05_ 흙시루 민속관인 육주헌에는 고려시대와 조선시대에 썼던 도자기와 골동품, 의복, 농기구 등이 전시되어 있고, 대형 테이블이 비치되어 있어 단체회의도 가능하다.
06_ 커피나 차를 즐길 수 있는 공간으로 서까래가 웅장하고 시원스럽게 드러난 한옥 카페다.

CHAPTER 3

테마조경 사례

조경에 예술성이 가미된 테마조경이 인기다. 카페는 공간만으로 존재하기보다는 인간과 자연, 자연과 예술, 예술과 인간의 경계를 넘나들며 자연환경을 인간이 즐기기에 알맞도록 개선하면서 소통의 공간으로 진화하고 있다. 이와 같은 카페 조경에 테마가 실린 예술성까지 가미된다면 현대인들과 함께 호흡하는 진정한 소통의 공간으로 더욱 고객들의 사랑을 받는 장소가 될 것이다. 여기에 참고할 만한 몇몇 테마조경을 소개한다.

경사지를 이용하여 화단을 조성하고 경계 라인에 다양한 전통담장을 쌓아 경관을 연출하였다.

19

165,265 ㎡
49,993 py

광주 곤지암 화담숲 전통담장길

예스러움이 돋보이는 전통담장 테마조경

위 치	경기도 광주시 도척면 도척윗로 278-1
조 경 면 적	165,265㎡(49,993py)
조경설계·시공	LG상록재단
취 재 협 조	LG상록재단 T.031-8026-6666

화담숲은 LG상록재단이 공익사업의 일환으로 설립·운영하는 수목원으로 한국인이 가장 사랑하고 아끼는 소나무 1,300여 그루가 어우러져 숲을 이루는 '소나무정원'과 담장으로 예스러움을 연출한 '전통담장길' 정원을 포함하여 모두 17개의 테마원에 국내 자생식물 및 도입식물 4,000여 종을 수집하여 전시하고 있다. '정답게 이야기를 나누다.'라는 의미를 담고 있는 화담숲은 '생태수목원'이라는 명칭 그대로 자연 지형과 식생을 최대한 보존하여 조성하였다. 계곡과 산기슭을 따라 숲으로 이어지고, 산책로는 계단 대신 경사도가 낮은 바닥 포장과 데크로 조성되어 있어 어느 공간, 어느 위치에서도 자연을 즐기며 편안한 발걸음으로 정다운 대화를 나눌 수 있다는 점이 화담숲의 큰 매력이다. 산책로를 따라 걷다 보면 자연스럽게 마주하는 '전통담장길'이 나온다. 외부공간을 구성하는 어떤 요소 못지않은 의장적 가치와 우리의 생활 속에 묻어 있는 한옥의 전통 담장을 테마로 전통 요소의 아름다움을 수목, 화초류와 함께 잘 표현하였다. 다분히 교육적인 목적을 담고 있는 이 '전통담장길' 좌·우측에는 벽돌만으로 쌓은 벽돌담, 벽돌담 중에서도 벽이나 담장에 화려한 무늬를 넣어 쌓거나 일부에 화초문을 미장으로 새김질하여 바른 꽃담, 기와나 기와 조각을 이용한 와편담, 돌만으로 쌓은 돌각담(돌담), 기와를 얹은 토석담 등 다양한 전통 담장이 둘러쳐져 있다. 경사지에 자연석을 그렝이질 하듯 건식으로 메쌓기 한 옹벽과 화단을 겸한 화계는 경사면의 침식을 예방하고, 예스러운 전통 담장에 입체적인 경관미를 더해 전통담장길의 정원 분위기를 한껏 북돋우며 우리 전통문화의 멋스러움을 전한다.

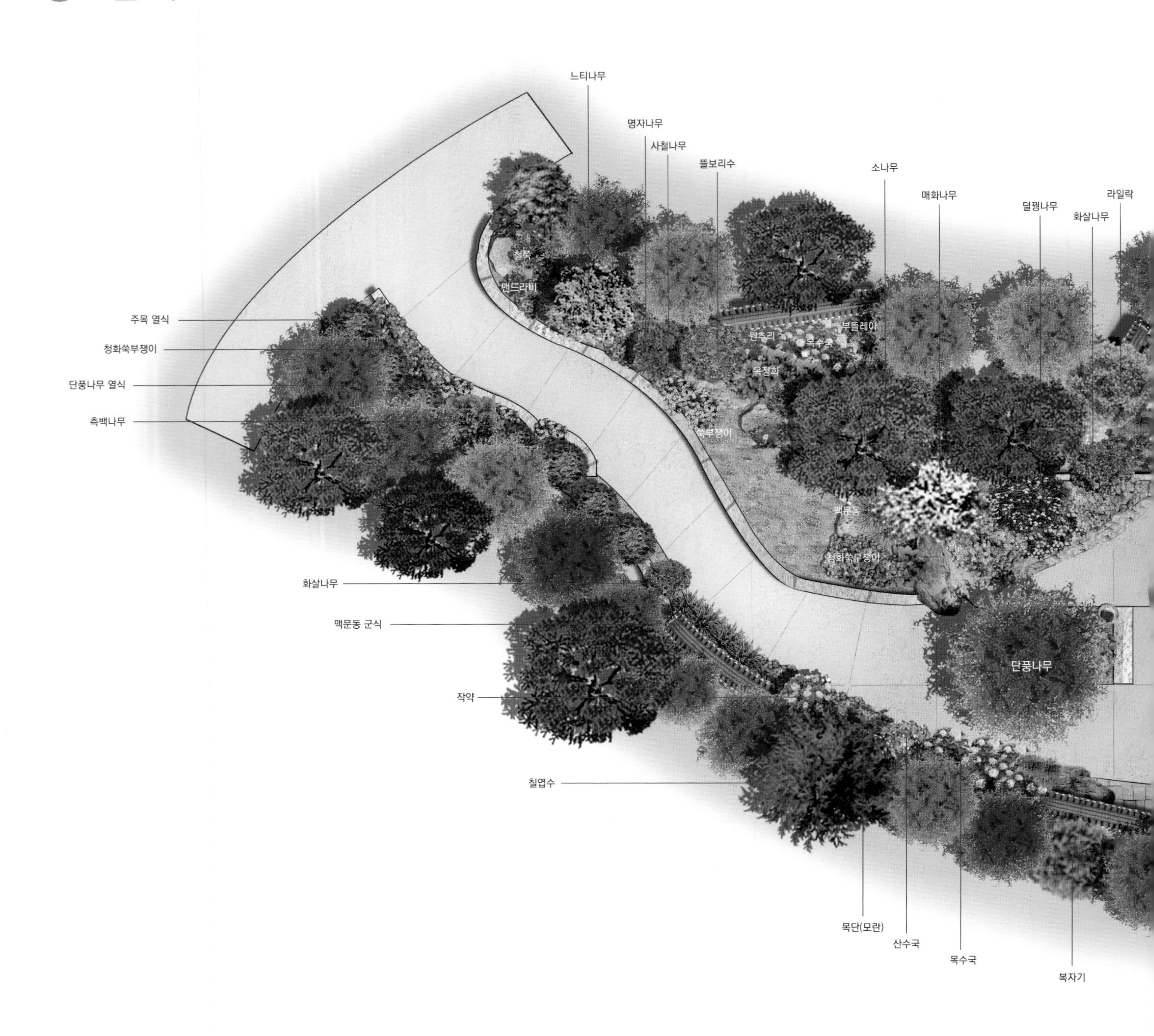
느티나무
명자나무
사철나무
뜰보리수
소나무
매화나무
덜꿩나무
라일락
화살나무
철쭉
맨드라미
부들레아
원추리
목수국
옥잠화
쑥부쟁이
맥문동
청화쑥부쟁이
주목 열식
청화쑥부쟁이
단풍나무 열식
측백나무
화살나무
맥문동 군식
작약
칠엽수
단풍나무
목단(모란)
산수국
목수국
복자기

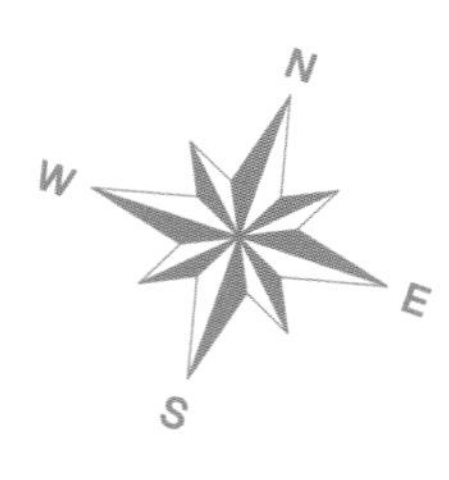
N
W
E
S

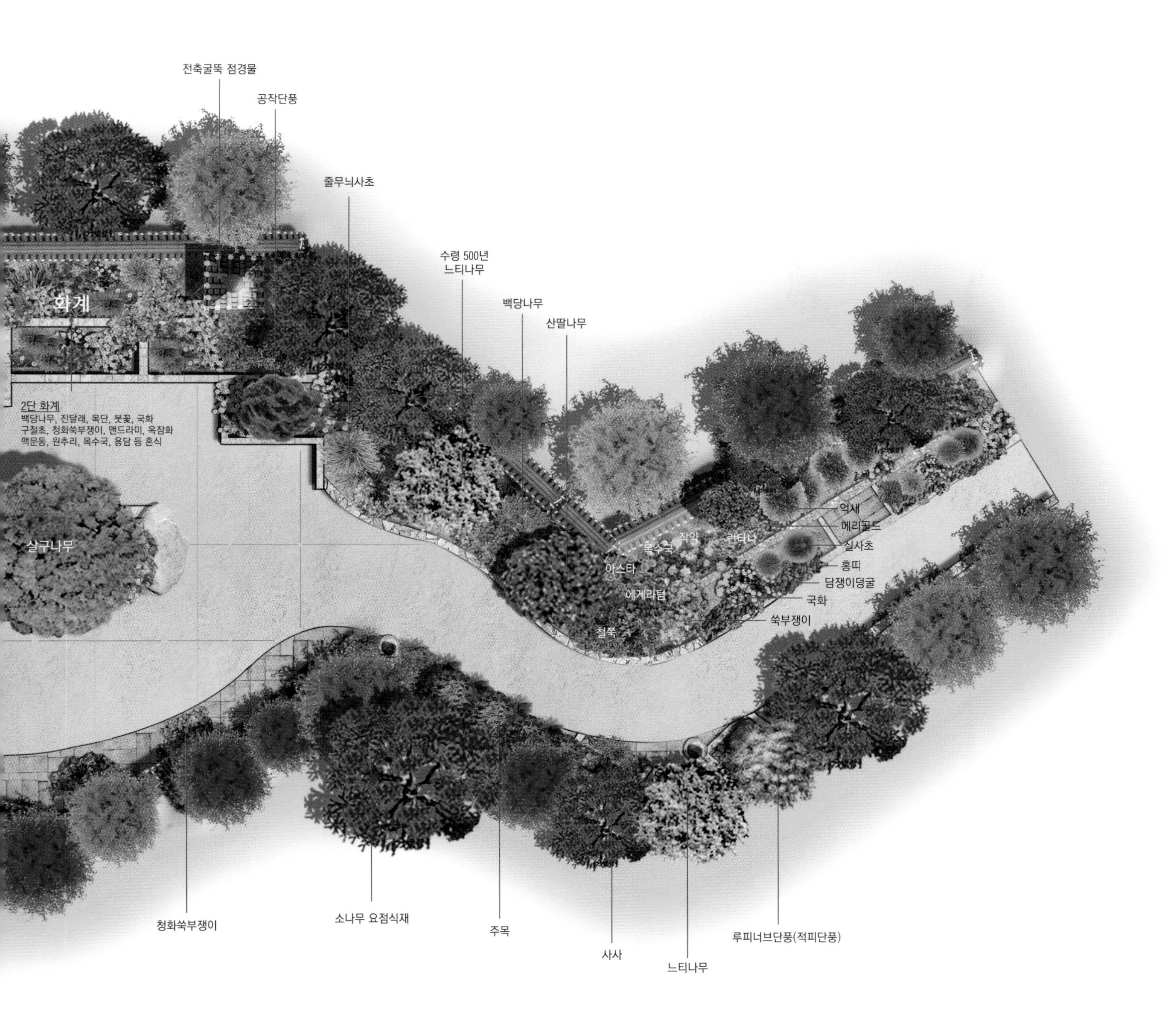
전축굴뚝 점경물
공작단풍
줄무늬사초
수령 500년
느티나무
백당나무
산딸나무
화계
2단 화계
백당나무, 진달래, 목단, 붓꽃, 국화
구절초, 청화쑥부쟁이, 맨드라미, 옥잠화
맥문동, 원추리, 목수국, 용담 등 혼식
살구나무
억새
메리골드
실사초
홍띠
담쟁이덩굴
국화
쑥부쟁이
작약
란타나
목수국
아스타
에게라텀
철쭉
청화쑥부쟁이
소나무 요점식재
주목
사사
느티나무
루피너브단풍(적피단풍)

주요 나무와 야생화 MAJOR TREE & WILD FLOWER

공작단풍/공작단풍 봄, 5월, 붉은색
잎이 7~11개로 갈라지고 갈라진 조각이 다시 갈라지며 잎은 가을에 아름다운 빛깔로 물든다.

구절초 여름~가을, 9~11월, 흰색 등
9개의 마디가 있고 음력 9월 9일에 채취하면 약효가 가장 좋다는 데서 구절초라는 이름이 생겼다.

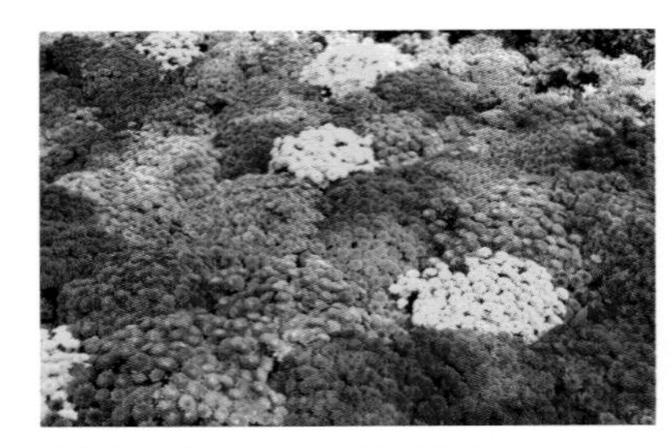

국화 봄~가을, 5~10월, 노란색·흰색 등
다년초로 줄기 밑 부분이 목질화하며 잎은 어긋나고 깃꼴로 갈라진다. 매, 죽, 난과 더불어 사군자의 하나다.

단풍나무 봄, 5월, 붉은색
10m 높이로 껍질은 옅은 회갈색이고 잎은 마주나고 손바닥 모양으로 5~7개로 깊게 갈라진다.

담쟁이덩굴 여름, 6~7월, 녹색
덩굴손은 끝에 둥근 흡착근(吸着根)이 있어 돌담이나 바위 또는 나무줄기에 붙어서 자란다.

맥문동 여름, 6~8월, 자주색
짧고 굵은 뿌리줄기에서 잎이 모여 포기를 형성하고 줄기는 곧게 서며 높이 20~50cm이다.

명자나무 봄, 4~5월, 붉은색
정원에 심기 알맞은 나무로 여름에 열리는 열매는 탐스럽고 아름다우며 향기가 좋다.

산수국 여름, 7~8월, 흰색·하늘색
낙엽관목으로 높이 약1m이며 작은 가지에 털이 나고 꽃은 가지 끝에 산방꽃차례로 달린다.

살구나무 봄, 4월, 붉은색
살구나무는 꽃이 아름답고 열매는 맛이 있으며 씨는 좋은 약재가 되므로 예부터 많이 심었다.

아스타 여름~가을, 7~10월, 푸른색 등
이름은 '별'을 의미하는 고대 그리스 단어에서 유래했다. 꽃차례 모양이 별을 연상시켜서 붙은 이름이다.

옥잠화 여름~가을, 8~9월, 흰색
꽃은 총상 모양이고 화관은 깔때기처럼 끝이 퍼진다. 저녁에 꽃이 피고 다음날 아침에 시든다.

작약 봄~여름, 5~6월, 분홍색 등
줄기는 여러 개가 한 포기에서 나와 곧게 서고 꽃은 지름 10cm로 아름다워 원예용으로 심는다.

주목 봄, 4월, 노란색·녹색
'붉은 나무'라는 뜻의 주목(朱木)은 나무의 속이 붉은색을 띠고 있어 붙여진 이름이다.

진달래 봄, 4~5월, 붉은색
진달래의 붉은색이 두견새가 밤새 울어 피를 토한 것이라는 전설 때문에 두견화라고도 한다.

청화쑥부쟁이 가을, 10월, 푸른색
다년생초본으로 꽃은 가지와 줄기 끝에서 머리모양으로 한 개씩 달리며, 푸른 청보라 색으로 화려하게 핀다.

화살나무 봄, 5월, 녹색
많은 줄기에 많은 가지가 갈라지고 가지에는 화살의 날개 모양을 띤 코르크질이 2~4줄이 생겨난다.

기와를 얹은 토석담과 일체감을 이룬 화계가 풍성하고 화사한 자연미를 한껏 발산하며 산책객들의 눈을 마냥 호사시킨다.

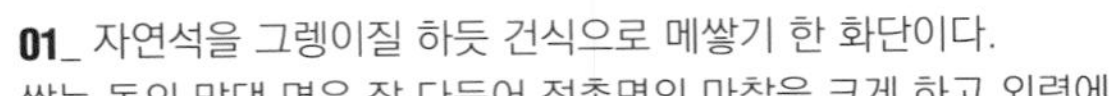

01_ 자연석을 그렝이질 하듯 건식으로 메쌓기 한 화단이다.
쌓는 돌의 맞댄 면은 잘 다듬어 접촉면의 마찰을 크게 하고 외력에 충분히 견디도록 했다.
02_ 자연 숲과 형형색색 계절 꽃이 어우러져 가을 정취의 절정을 이룬 전통담장길이다.
03_ 수목과 화초류가 석축과 자연스럽게 조화를 이루며 전통담장길의 분위기를 더한다.
04_ 자연 지형을 따라 완만하고 부드러운 곡선을 이룬 편안한 느낌의 전통담장길 산책로다.

05_ 자연스럽게 마운딩 처리한 화단에 요점식재한 소나무와 와편담장의 어울림이 전통담장길의 분위기를 한껏 고조시킨다.
06_ 꽃담 아래 화계 형태의 화단으로 전통정원의 모습을 연출하여 전통담장길의 분위기를 잘 살려냈다.

01_ 화계에 주로 심은 화관목류와 화초류, 소교목, 배경이 된 꽃담과 장(張)자 문양을 새긴 전축굴뚝이 조화를 이루며 전통 테마 산책로의 분위기를 북돋운다.
02_ 화강석을 가공한 장대석으로 단 높이에 변화감을 주어 만든 화사한 화계다.
03_ 자연석 곡선 화단과 장대석 직선 화계에서 전통정원의 다양한 요소를 엿볼 수 있다.

04

04_ 경사지 높이에 따라 두 단 또는 세 단의 장대석 계단을 놓아 변화감을 준 바닥이다.
05, 07_ 화단 경계에 두른 자연석과 견고하고 긴 평석은 토사 유출 방지는 물론 산책객들을 위한 쉼터 역할도 겸한다.
06_ 오색단풍으로 짙게 물든 전통담장길 테마 산책로의 깊은 가을 정취가 전통문화의 멋과 어우러져 오가는 이들에게 위안을 준다.

05

06_

07

01_ 만(卍)자, 벽사, 귀갑(석쇠) 문양과 미장으로 새김질하여 바른 화초문으로 다양하게 멋을 낸 꽃담은 전통문화의 교육적인 의미도 담고 있다.
02_ 전통담장으로 둘러싸인 분지 형태의 공간으로 아늑함이 느껴지는 정원이다.
03_ 전통담장 아래 화단에는 안동에서 온 500년 추정의 느티나무를 비롯하여 산딸나무, 공작단풍, 덜꿩나무 등 다양한 수종이 식재되어 있다.

04_ 돌각담 앞에 연출한 물확과 자연석 그리고 흩어진 산석들의 오브제가 전통 테마 정원의 운치와 자연스럽게 조화를 이룬다.
05_ 저마다 다른 크기와 모양의 돌만으로 꾸민 전통 담장의 일종인 돌각담(돌담)이다. 공기 유통과 배수가 자유로워 동결에 의한 변형이 드물고 깊은 자연미가 있다.
06_ 전통담장을 배경으로 등골나물, 국화, 억새 등 형형색색의 초화류가 조화를 이룬 가을의 화단이다.

market place

제이드가든 수목원의 초입 전경으로 동화 속에 등장하는 유럽의 성을 모티브로 조성하고 테마정원으로 분위기를 연출하였다.

20

163,528㎡
49,467 py

가평 제이드가든

숲 속 작은 유럽의 다채로운 테마정원

위　　　치 강원도 춘천시 남산면 햇골길 80 (서천리 산 111)
조 경 면 적 163,528㎡(49,467py)
조경설계·시공 제이드가든 조경팀
취 재 협 조 제이드가든 T.033-260-8300

'숲 속에서 만나는 작은 유럽'이라는 주제로 조성된 제이드가든 수목원은 중부지방에서 생육이 가능한 국내외 유용식물자원을 수집해 테마정원을 개발하고, 자연생태 교육장을 마련하여 서식지 외 보전기관을 조성할 목적으로 설립하였다. 수목원은 163,528㎡ 규모로 4,063종의 수목 유전자원을 보유하고 있고 자연의 계곡 지형을 그대로 살려 화훼나 수목, 건축 양식과 건물 배치 등을 유럽풍에 맞추어 24개의 테마정원으로 조성하였다. 이탈리아풍의 정형화된 정원 양식과 수로를 중심으로 잔디밭과 화단을 조성한 이탈리안가든, 영국풍으로 식재한 가장자리 화단으로 외국에서 대중적인 사랑을 받는 다년 화초류를 감상할 수 있는 영국식보더가든, 화석식물로 알려진 교목성 은행나무를 생울타리로 만들어 길을 찾아가는 공간으로 구성한 은행나무 미로원, 우리나라 고산지대에서 자생하는 만병초를 비롯하여 세계의 다양한 만병초를 수집하여 전시한 로도덴드론가든 외 야생화 언덕, 코티지가든, 아이리스가든, 블루베이원, 목련원 등 우리나라에서 접하기 어려운 유럽형의 다양한 정원을 한곳에서 만나볼 수 있다. 이곳은 만병초류, 단풍나무류, 붓꽃류, 비비추류, 목련류 등 다양한 국내외 식물자원을 보유하고 있으며, 법정 보호종인 섬개야광나무, 연잎꿩의다리 등 멸종 위기 식물들의 증식·복원을 주도하는 산림유전 보전기관으로도 지정되어 있다. 수목원 전체적으로는 강렬한 원색보다는 수수하고 은은한 멋을 뽐내는 화훼류 위주로 채워졌으며, 계곡의 우거진 산림 그대로의 멋을 살린 테마가 있는 아름다운 정원이다.

산딸나무
벚나무
때죽나무
반송
수수꽃다리
화살나무
라벤더 군식
꽃잔디 군식
벚나무
미국산딸나무
황매화
담쟁이덩굴 군식
안젤로니아
화분 장식
소국
버들잎해바라기
핑크뮬리
회양목
자연식 화단
참억새
안젤로니아 군식
방문객 센터
입구
무늬옥잠화
빈도리
황금실화백
서양측백나무
황금실화백
무늬층층나무
목련
등나무
산사나무
칠엽수
서양측백나무 열식
무늬글리케리아
서양측백나무 열식
수련
연못
갯버들
메타세쿼이아
칠엽수
라임수국
참억새
비비추
철쭉 군식
낙우송
구상나무
서양측백나무
소나무
갯버들
붓꽃
돌단풍
화이트핑크셀릭스
붓꽃
버드나무

〈제이드가든 입구 부분 도면〉

주요 나무와 야생화 MAJOR TREE & WILD FLOWER

등나무 봄, 5~6월, 연자주색
높이 10m 이상의 덩굴식물로 타고 올라 등불 같은 모양의 꽃을 피우는 나무라는 뜻이 있다.

무늬병꽃나무 봄, 5~6월, 연분홍색
원예, 조경용의 새로운 병꽃나무의 수종으로 잎의 가장자리에 무늬가 들어가 있어 관상 가치가 탁월하다.

분홍바늘꽃(가우라) 여름, 7~8월, 분홍색
뿌리줄기가 옆으로 벋으면서 퍼져 나가 무리 지어 자라고 줄기는 1.5m 높이로 곧게 선다.

붓꽃 봄~여름, 5~6월, 자주색 등
약간 습한 풀밭이나 건조한 곳에서 자란다. 꽃봉오리의 모습이 붓과 닮아서 '붓꽃'이라 한다.

산사나무 봄, 5월, 흰색
9~10월에 지름 1.5cm 정도의 둥근 이과가 달려 붉게 익는데 끝에 꽃받침이 남아 있고 흰색의 반점이 있다.

삼색조팝나무 여름, 6월, 분홍색
일본 원산으로 줄기는 모여 나고 높이 1m에 달하며 꽃은 새 가지 끝에 우산 모양으로 달린다.

서양측백나무 봄, 4~5월, 연녹색
원산지가 북미 지역인 측백나무라는 데서 유래. 상록침엽교목으로 높이 20m, 지름 60cm에 달하고 향기가 난다.

알리움 봄, 5월, 보라색, 분홍색, 흰색
우리가 즐겨 먹는 파, 부추가 알리움 속 식물이다. 대체로 꽃 모양이 둥근 공 모양을 하고 있다.

양귀비 봄~여름, 5~6월, 백색·적색 등
동유럽이 원산지로 줄기의 높이는 50~150㎝이고 약용, 관상용으로 재배하고 있다.

자엽펜스테몬 봄~여름, 4~6월, 흰색
미국이 원산지로 꽃은 통 모양으로 좌우대칭이며 검붉은색의 잎과 줄기가 이국적인 매력을 풍긴다.

칠엽수 봄, 5~6월, 흰색
높이는 30m로 굵은 가지가 사방으로 퍼지며 프랑스에서는 마로니에(marronier)라고도 부른다.

클레마티스/큰꽃으아리 봄~여름, 5~6월, 흰색 등
꽃은 10~15cm로 흰색, 연한 자주색 등 다양하게 있고 가지 끝에 원추꽃차례로 1개씩 달린다.

톱풀 여름~가을, 7~10월, 흰색
잎이 어긋나고 길이 6~10cm로 양쪽이 톱니처럼 규칙적으로 갈라져 '톱풀'이라고 한다.

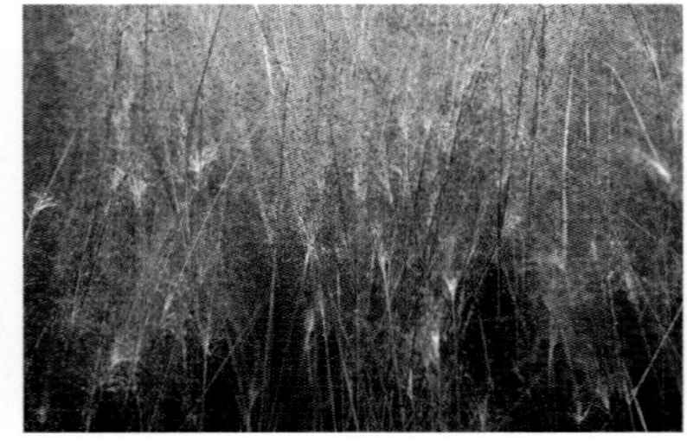

핑크뮬리 가을, 9~11월, 분홍색 등
분홍억새라고도 하는데 가을철 바람에 흩날리는 풍성한 분홍색 꽃이 아름답기로 유명하다.

화이트핑크셀릭스 봄, 5~7월, 분홍색
우리말로 표현하면 흰색·분홍색 버드나무란 뜻으로 꽃이 아니며 잎이 계절별로 변하는 수종이다.

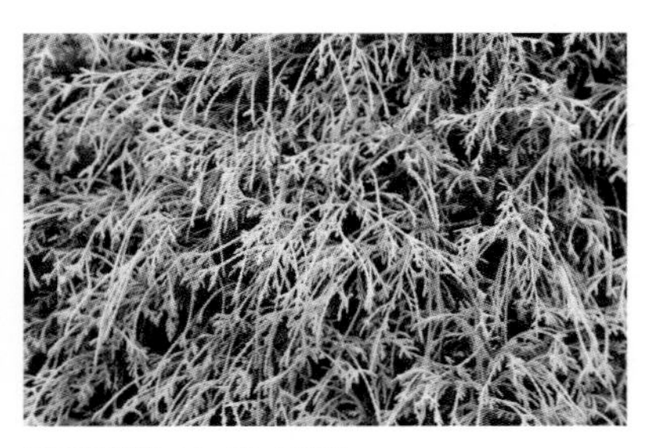

황금실화백 봄, 4월, 노란색
사계절 내내 푸르고 가는 부드러운 잎이 특징으로 실과 같이 가는 황금색 잎이 밑으로 처진다.

핑크뮬리 속에 묻혀 있는 버들잎해바라기는 다년생 초본으로 뿌리줄기에 의해 퍼지고 개화 시기는 9~10월이다.

01

02

03

01_ 유럽식 건축양식으로 설계한 방문객센터도 포토존으로 인기가 높다.
02_ 집과 정원, 자연이 한데 어우러진 이탈리아는 물론 유럽 전역에서 인기가 높았던 토스카나풍의 고급 저택을 모델로 삼았다.
03_ 유럽 스타일의 문장(紋章)과 함께 격조와 위엄을 표현하고 고급스럽고 클래식한 콘셉트에 현대적인 감각을 더하였다.

04_ 방문객센터 입구의 모습으로 높고 시원스럽게 개방한 천장과 고풍스러운 점토벽돌, 헤링본 패턴의 바닥이 어우러져 고급스럽게 표현되었다.
05_ 아름다운 조경과 풍경 덕분에 각종 드라마와 영화 촬영 장소로도 유명하다.
06_ 영국풍으로 식재된 화단으로 다년 화초류를 봄부터 가을까지 감상할 수 있는 영국식보더가든이다.

01

02

03

04

05

06

01_ 계절적인 변화에 맞게 테마를 정하고 볼거리를 제공하여 누구나 편안하게 즐길 수 있는 명품 수목원을 추구한다.

02_ 화기와 화색을 고려한 혼합식재로 은은하고 풍성하게 표현하였다.

03_ 땅의 구획은 기하학적으로 디자인하고 식재된 화초류는 자연풍경식의 기법을 따르고 있다.

04_ 포인트 되는 식물과 부드러운 질감의 갈사초를 식재하여 정형화된 디자인을 벗어나 자연스러운 아름다움을 추구한 내추럴가든이다.

05_ 담쟁이덩굴이 덮은 담을 끼고 좌측의 계단을 오르면 이탈리안가든에 다다른다.

06_ 꽃 모양이 둥근 공 모양을 한 알리움은 화훼용으로 개발한 품종이다.

07_ 회양목으로 문양을 만들어 파르테르를 장식하고 안젤로니아와 분홍바늘꽃 가우라를 심어 정형식 화단을 조성했다.

07

01_ 아름다운 스카이라인이 조망되는 곳에 화분과 벤치를 놓아 포토존으로 활용하고 있다.
02_ 분수가 있는 수로 양쪽에 파고라를 설치해 등나무를 심고 가운데 파고라 중심에는 여인조각상을 배치하였다.
03_ 이탈리아풍의 정형화한 정원 양식과 수로를 중심으로 잔디밭과 화단을 조성한 이탈리안가든이다.

04_ 우리나라에서 접하기 어려운 이탈리아 토스카나풍의 건물과 수로가 있는 정원양식이다.
05_ 붉은색의 점토벽돌에 오지기와를 얹은 지중해식 건물로 이중으로 처리한 박공지붕 입면의 건축 구성미가 돋보인다.
06_ 웨딩 장소로 또는 웨딩 스냅사진 촬영 장소로 널리 이용하고 있는 이탈리안 웨딩가든이다.

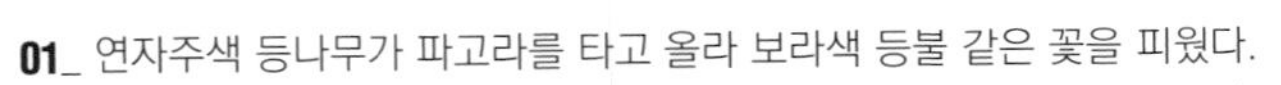

01_ 연자주색 등나무가 파고라를 타고 올라 보라색 등불 같은 꽃을 피웠다.
02_ 사계절에 걸쳐 다양한 꽃과 잎의 색깔이 변하면서 전체적으로 큰 물결 모양을 이루는 테마 공간이다.
03_ 화단 양쪽으로 다양한 종류의 튤립을 심은 S자 모양의 산책로로 조성되어 있어 발걸음을 가볍게 해 준다.

04_ 긴 꽃대에 다닥다닥 붙어있는 루피너스가 고풍스러운 석분에 담겨 고고한 자태를 뽐낸다.
05_ 정원이 보이는 쪽으로 넓은 창을 내어 시원한 시야를 확보했다.
06_ 토스카나풍의 방문객센터에서는 식사와 음료를 즐길 수 있는 레스토랑을 운영하고 있다.

무지개를 보는 듯 분홍색, 흰색, 보라색 등 다양한 색상의 안젤로니아 꽃이 군락을 이룬 긴 경사지의 화려한 무지개가든이다.

연천 허브빌리지

한국의 작은 지중해, 유럽식 힐링 정원

위 치	경기도 연천군 왕징면 북삼로20번길 55
조 경 면 적	56,860㎡(17,200py)
조경설계·시공	아이디얼가든
취 재 협 조	마리오허브빌리지(주) T.031-833-5100

지중해의 휴양지를 연상케 하는 연천 허브빌리지는 56,860㎡(약 17,200평) 규모로 무지개가든을 중심으로 20개가 넘는 테마가든이 넓게 조성되어 있다. 경사지에 자리한 약 4천여 평의 넓은 '무지개가든'에서는 시즌별로 꽃 축제가 열린다. 봄 4~6월에는 라벤더 축제, 여름 7~8월에는 백합 축제, 가을 8~10월에는 안젤로니아 축제로 3만 본이 넘는 꽃들이 들판 가득 장관을 이룬다. 들판을 뒤로 하고 산책로를 따라 내려가면 넓은 수반의 물에 하늘의 빛과 임진강의 물줄기가 하나 되어 흐르는 듯한 화이트가든, "정원 디자인은 이렇게 장소를 끌어들여 영감을 주어야 한다."라고 하는 듯한 차경의 진수를 감상할 수 있다. 카페 옆에는 이슬람가든 스타일의 대칭적 형태를 보이며 '시인의 길'이라 불리는 기하학적 디자인의 굴다리가 있다. 중앙에 잔잔히 흐르는 계류와 방지 연못, 아름다운 조각상과 식물의 조화, 벽면을 즐비하게 장식한 다양한 목판 시화가 독창적이고 특색 있는 분위기로 오가는 이들의 시선을 모은다. 시인의 길을 따라 내려가면 허브의 용도와 테마에 따라 8개의 정원으로 이루어진 허브 유리온실이 나온다. 국내에서는 최고령인 300년 된 다섯 그루의 올리브나무와 라벤더, 로즈메리, 후르츠세이지 등 100여 종의 허브를 군식하여 사계절 내내 허브향으로 가득하다. 가제보 쉼터, 토기 화분 등의 이국적인 소품이 난대식물과 어우러져 로맨틱한 분위기를 자아내며 연인들의 장소로 마음을 설레게 하는 곳이다. 임진강이 시원스럽게 펼쳐진 천혜의 전망과 허브를 테마로 유럽의 지중해식 정원을 연상케 하는 다양한 테마정원을 갖춘 연천 허브빌리지는 연인과 함께 조용히 사색하며 여유로운 낭만을 즐길 수 있는 좋은 곳이다.

장미 군식
삼색조팝나무
공작단풍
옥상 텃밭
철쭉
메타세쿼이아
안내센터 입구
회양목 군식
담쟁이 덩굴
커피 팩토리
허브샵
대추나무
능소화
꽃사과
꽃사과
싸리
소나무
능소화
계류
찔레
찔레
장미
회양목
백리향
수국
조릿대
비비추
붉은조팝나무
장미
수크령
수크령
계류
유카
장미
금송
주목
측백나무 열식
밤나무 동산
미니연못
마타리
윈드 가
계류
단풍나무
밤나무
구상나무
화살나무 군식
매자나무
산사나무
버드나무
구상나무
주목
매자나무
소원석
대장 거북바위
잔디 광장
에메랄드그린
능소화
계류
찔레
메타세쿼이아
힘말채나무
수국

〈허브빌리지 입구 부분 도면〉

주요 나무와 야생화 MAJOR TREE & WILD FLOWER

골담초 봄, 5월, 노란색·주황색
길이가 2.5~3m로서 처음에는 황색으로 피어 후에 적황색으로 변하고, 아래로 늘어져 핀다.

공작단풍/공작단풍 봄, 5월, 붉은색
잎이 7~11개로 갈라지고 갈라진 조각이 다시 갈라지며 잎은 가을에 아름다운 빛깔로 물든다.

금계국 여름, 6~8월, 황금색
2년초로 줄기 윗부분에 가지를 치며 높이 30~60cm이다. 물 빠짐이 좋은 모래흙에서 잘 자란다.

꼬리풀 여름, 7~8월, 보라색
다년초로 높이 40~80cm이고 줄기는 조금 갈라지며 위를 향한 굽은 털이 있고 곧게 선다.

능소화 여름, 7~9월, 주황색
옛날에는 능소화를 양반집 마당에만 심을 수 있었다 하여 '양반꽃'이라고 부르기도 한다.

담쟁이덩굴 여름, 6~7월, 녹색
덩굴손은 끝에 둥근 흡착근(吸着根)이 있어 돌담이나 바위 또는 나무줄기에 붙어서 자란다.

돌나물 봄~여름, 5~7월, 노란색
줄기는 옆으로 뻗으며 각 마디에서 뿌리가 나온다. 어린 줄기와 잎은 김치를 담가 먹는다.

등나무 봄, 5~6월, 연자주색
높이 10m 이상의 덩굴식물로 타고 올라 등불 같은 모양의 꽃을 피우는 나무라는 뜻이 있다.

라벤더 여름~가을, 6~9월, 보라색·흰색
지중해 연안이 원산지로 잎이 달리지 않은 긴 꽃대 끝에 수상꽃차례로 드문드문 달린다.

루드베키아 여름, 6~8월, 노란색
북아메리카 원산으로 여름철 화단용으로 화단이나 길가에 관상용으로 심어 기르는 한해 또는 여러해살이풀이다.

매자나무 봄, 5월, 노란색
진분홍색 열매가 흥미롭고 가시가 날카로워 낮은 생울타리나 전정하여 여러 가지 모양을 낼 수도 있다.

벌개미취 여름~가을, 6~9월, 자주색
뿌리에 달린 잎은 꽃이 필 때 진다. 개화기가 길어 꽃이 군락을 이루면 훌륭한 경관을 제공한다.

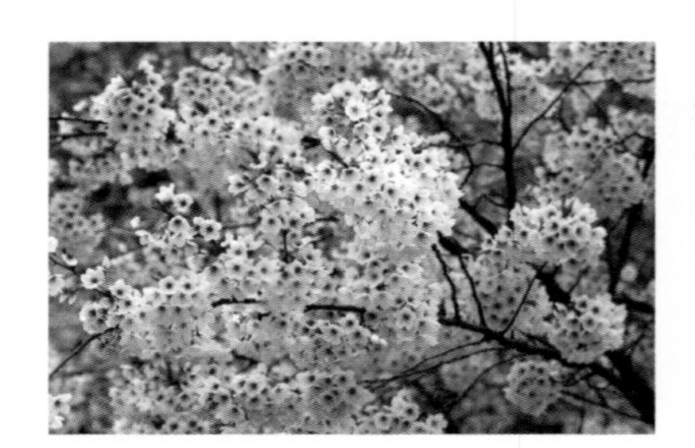

벚나무 봄, 4~5월, 분홍색
꽃은 잎보다 먼저 피고 산방꽃차례로 3~6개의 꽃이 달린다. 열매는 흑색으로 익으며 버찌라고 한다.

수크령 여름~가을, 8~9월, 자주색
화서는 원주형이고 길이는 15~25cm, 지름은 15mm로서 흑자색이며 관상 가치가 있다.

아주가 봄, 5~6월, 보라색
꽃은 5~6월에 걸쳐 푸른 보라색으로 피며 꽃대 높이는 15~20cm이다. 잎이나 줄기에 털이 없다.

안젤로니아 봄~가을, 5~11월, 흰색·분홍색
추위에 약해서 한 해밖에 살질 않지만, 꽃이 오랜 시간 피어 있기 때문에 관상용으로 선호한다.

자연석과 적벽돌로 쌓은 담장으로 하나의 건축 예술작품을 보는 듯, 담 너머 공간에 대한 호기심을 불러일으킨다.

01_ 안젤로니아(Angelonia)는 '천사의 얼굴'이라는 꽃말을 지녔다. 주로 멕시코 등 서인도제도에서 피는 화기가 긴 꽃으로, 군락으로 보기 드문 풍경이다.
02_ 화려하게 펼쳐진 안젤로니아 가든 위로 주상절리를 연출한 우뚝 선 초대형 석조물이 가든의 운치를 더한다.
03_ 임진강의 전경과 어우러진 안젤로니아 무지개가든은 지중해 휴양지를 연상케 하는 이국적인 분위기로 방문객들의 감성을 자극한다.

04_ 계류의 초입을 자연석과 화초류로 연출하여 싱그러운 자연미를 더했다.
05, 06_ 이슬람가든 형태로 특색 있게 꾸민 굴다리, '시인의 길' 중앙에 인공 계류를 만들고 좌우 벽면에 다양한 목판 시화를 전시해 오가는 이들의 발걸음을 잠시 멈춰세운다.

01_ 완만한 경사지를 따라 적벽돌로 만든 계단식 계류와 방지 연못.
주제 그대로 시원한 물줄기와 바람길, 시가 한 데 어우러진 시인의 길이다.
02_ 능소화, 등나무 등 덩굴식물과 초화류로 아름답게 연출한 시인의 길,
굴다리의 초입 전경이다.
03_ 방문객들이 주로 이용하는 카페는 박석 길을 따라 주변에 자연스럽게
조성한 화단으로 둘러싸여 있다.

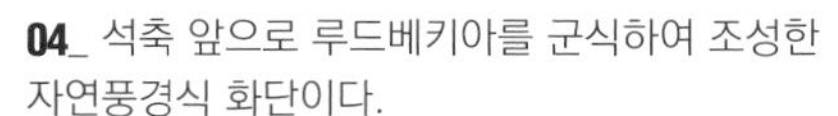

04_ 석축 앞으로 루드베키아를 군식하여 조성한 자연풍경식 화단이다.
05_ 커피를 즐기며 편안하게 허브빌리지의 풍경을 감상할 수 있는 카페 앞 야외 테라스다.
06_ 정원 곳곳을 가득 채운 싱그러운 수목과 로즈마리, 레몬그라스, 세이지 등 향긋한 허브향 속에서 낭만적인 분위기를 즐길 수 있다.

01_ 허브 역사관, 온실 등으로 이어지는 카페 후면의 전경이다.
02_ 20개가 넘는 테마조경이 조성되어 있어 곳곳을 산책하며 다양한 분위기의 정원을 감상할 수 있다. 화이트가든, 스톤가든으로 내려가는 황톳길 봄의 화사한 풍경이다.
03_ 검은색의 나지막한 현무암 담장과 붉은 벽돌의 강한 대비로 분위기를 연출한 버터플라이 가든이다.

01

02

03

04_ 허브가든 사이의 산책로, 덩굴식물을 위한 철제 파고라와 벤치로 꾸며 놓은 또 하나의 휴식 공간이다.
05_ 오르막 계단 법면에 튤립, 작약, 조팝나무 등을 혼식하여 시차를 두고 연이어 개화하는 꽃으로 볼거리를 제공한다.
06_ 황톳길에서 들꽃 동산으로 오르는 침목 계단, 초입의 조팝나무와 석축의 돌단풍으로 순백의 자연미를 입혔다.

01_ 하늘빛이 투영된 거울 연못의 끝이 멀리 굽이쳐 흐르는 임진강의 줄기와 하나 된 듯, 차경의 진수를 보여주는 화이트가든이다.
02_ 자연석을 쌓아 조성한 화단과 석축 사이에 군데군데 침목 계단을 놓아 만든 들꽃 동산으로 올라가는 산책로다.
03_ 거울 연못에서 소리 없이 흘러내린 물은 아래 정원의 벽천이 되어 또 다른 수공간을 이룬다.
04_ 자연 석산을 이용해 미니폭포를 만들어 바위를 중심으로 연출한 비정형 연못 정원에 생명력을 불어넣었다.

05_ 직선과 원으로 간결하게 디자인한 세미 포멀가든 형태의 지중해식 온실 정원, 허브앤버드가든이다. 중앙에 1m 깊이로 공간감 있게 설치한 연못이 산책의 즐거움을 더해준다.
06_ 커피, 즉석 음료, 아이스크림 등을 즐길 수 있는 고풍스러운 분위기의 카페, 커피팩토리 내부 전경이다.
07_ 외쪽지붕의 서까래를 노출하고 폴딩도어로 개방감을 높인 북카페의 분위기다.

05

06

07

독수리가 날개를 펼친 듯한 오른쪽 힐사이드에 조성한 조경은 전통과 현대, 직선과 곡선으로 전체적인 조화를 구현한 모던 형태의 정원이다.

22 | 1,322 ㎡ / 400 py

정읍 내장산골프&리조트

조경블록으로 특색있게 구현한 그린 언덕 위 조경

위 치 전라북도 정읍시 첨단과학로 476
조경면적 1,322㎡(400py)
조경설계·시공 조경나라꽃나라

자연과 건축물, 인간이 함께 조화를 이룬 가운데 삶의 질과 행복 추구를 위한 꿈과 노력은 우리의 과제이기도 하다. 내장산골프&리조트는 이러한 꿈과 노력이 잘 실현된 곳이다. 독수리가 날개를 펼친 듯한 망해봉과 연지봉 사이의 능선을 배경으로 그린 위에 자연을 수놓은 듯 바위, 나무가 어우러지고, 자연 그대로 재현한 계류와 연못 등 순수한 자연의 아름다움으로 깊은 감동을 주는 곳이다. 이 수려한 경관이 펼쳐진 골프장 언덕 위에 자리 잡은 리조트에 조경블록을 이용해 말끔하게 조성해 놓은 정원이 분위기를 더한다. 정원에는 야외 휴게공간이 다양하게 마련되어 있어 골프장 이용객들에게 공간사용의 편리함도 제공한다. 내장산의 수려한 경관 덕에 굳이 큰 비용을 들이지 않아도 주변 자연경관만으로 이미 조경의 절반 이상은 완성한 셈이다. 최소한의 기능만을 취하고 시원하게 열린 자연의 공간에서 소소한 이야기를 나누며 정신적인 힐링으로 위안을 찾을 수 있도록 설계한 현대적 감각의 정원이다. 화단, 보도(步道), 벽천, 대문 기둥, 바비큐장에 조경블록을 사용하여 실용성과 무게감이 실린 중후한 느낌이다. 주재료로 쓰인 조경블록은 구조적 안정성은 물론, 쉽고 빠른 건식공법으로 해체 후에도 재활용이 가능한 장점이 있다. 대·중·소 유닛과 캡 유닛으로 구성되어 있으며 현대적인 질감과 자연스러운 색감에 유연성, 심미성, 조형성까지 두루 갖춘 안정적인 재료로 코너링에 최적화된 형태로 곡선, 원형 구조물도 자유롭게 디자인할 수 있다. 그뿐만 아니라, 낮은 조경용 벽체 시스템과 옹벽까지 시공이 가능하다. 시원스럽게 펼쳐진 그린 필드의 자연 풍광을 온몸으로 만끽하며 자연과 함께 심신을 정화하고 치유할 수 있는 그린 언덕 위의 정원이다.

소나무
공작단풍
한식 팔각 정자
리조트
참나무
꽃잔디
눈향나무
무늬비비추
잔디패랭이
에메랄드그린
금송
황금측백
제라늄
독수리 석상
주차장

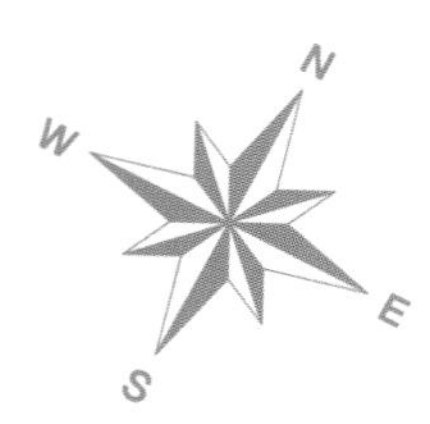
N
W
E
S

백 열식
에메랄드골드
이팝나무
반송
소나무
말발도리
단풍나무
루드베키아 군식
황금측백
눈향나무
공작단풍
대나무 군락
제라늄
남천 열식
비비추
로벨리아
철쭉
꽃다리
제라늄 열식
로벨리아 열식
회양목 열식
조경블록 화단
말발도리
메리골드
잔디패랭이
로즈마리
백
라벤다
로즈마리
핫립세이지
황금측백
바베큐장
남천 열식
에메랄드그린
조형소나무
사철베고니아
콜레우스
나무
로벨리아
눈향나무
은사초
화이트핑크셀릭스
벽천
휴게실

주요 나무와 야생화 MAJOR TREE & WILD FLOWER

금송 봄, 3~4월, 연노란색
잎 양면에 홈이 나 있는 황금색으로 마디에 15~40개의 잎이 돌려나서 거꾸로 된 우산 모양이 된다.

때죽나무 봄~여름, 5~6월, 흰색
꽃들은 다소곳하게 아래를 내려다보고 핀다. 덜 익은 푸른 열매는 물고기 잡는 데 이용한다.

라벤더 여름~가을, 6~9월, 보라색·흰색
지중해 연안이 원산지로 잎이 달리지 않은 긴 꽃대 끝에 수상꽃차례로 드문드문 달린다.

로벨리아 여름, 6~7월, 푸른색·흰색
생육에는 충분한 물과 많은 햇빛이 필요하다. 겨울에 온도를 잘 맞추면 여러해살이풀로 기를 수 있다.

루드베키아 여름, 6~8월, 노란색
북아메리카 원산으로 여름철 화단용으로 화단이나 길가에 관상용으로 심어 기르는 한해 또는 여러해살이풀이다.

말발도리 봄~여름, 5~6월, 흰색
열매가 말발굽 모양을 하고 있고 꽃잎과 꽃받침조각은 5개씩이고 수술은 10개이며 암술대는 3개이다.

무늬비비추 여름, 7~8월, 보라색
잎에 흰무늬가 있어 붙은 이름으로 화관은 끝이 6개로 갈래 조각이 약간 뒤로 젖혀진다.

사철베고니아 봄~겨울, 1~12월, 붉은색·분홍색 등
브라질 원산으로 여러해살이풀로 사철 내내 피는 꽃이어서 붙여진 이름이다.

수수꽃다리 봄, 4~5월, 자주색·흰색 등
한국 특산종으로 북부지방의 석회암 지대에서 자라며 향기가 짙은 꽃은 묵은 가지에서 자란다.

이팝나무 봄, 5~6월, 흰색
조선시대에 쌀밥을 이밥이라 했는데 쌀밥처럼 보여 이밥나무라 불리다가 이팝나무로 변했다.

제라늄 봄~가을, 4~10월, 적색·흰색 등
원산지는 남아프리카이고, 다년초로 약 200여 변종이 있으며 꽃은 색과 모양이 일정하지 않게 핀다.

토레니아 여름~가을, 7~10월, 분홍색·보라색 등
1년초로 꽃이 귀엽고 수명도 길다. 한번 심기 시작하면 종자가 흩어져서 퍼진다.

에메랄드골드 봄, 4~5월, 노란색
서양측백의 일종으로 황금색의 잎과 가지가 조밀하고 원추형의 수형이 아름다운 수종이다.

에메랄드그린 봄, 4~5월, 연녹색
침엽상록 교목으로 서양측백나무의 일종. 에메랄드골드와는 달리 잎은 늘 푸른 녹색을 띤다.

황금사철나무 여름, 6~7월, 연한 황록색
일 년 내내 잎 전체가 황금색을 유지하여 매우 화사하며, 내한성이 강해 전국 어디서나 식재가 가능하다.

화이트핑크셀릭스 봄, 5~7월, 분홍색
우리말로 표현하면 흰색·분홍색 버드나무란 뜻으로 꽃이 아니며 잎이 계절별로 변하는 수종이다.

01_ 시공성, 경제성, 친환경성, 경관성을 두루 갖춘 조경블록을 주재료로 사용하여 만든 화단으로 중후함과 고급스러움, 내구성을 강조하였다.
02_ 울창한 대나무숲을 배경으로 경사지에 낮은 담장과 미니벽천을 만들어 분위기를 조성하였다.
03_ 요점식재한 교목 하부에 자연석 마운드를 형성하고 작은 관목과 초화류로 꾸민 간결하고 단아한 연출이다.

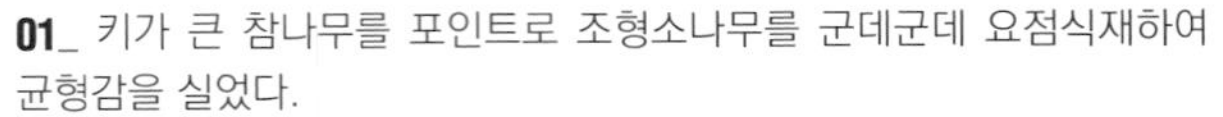

01_ 키가 큰 참나무를 포인트로 조형소나무를 군데군데 요점식재하여 균형감을 실었다.
02_ 일출부터 일몰까지 아름다운 풍광을 조망하기 좋은 곳에 단아한 한식정자를 배치해 현대적 분위기에 전통의 멋을 더했다.

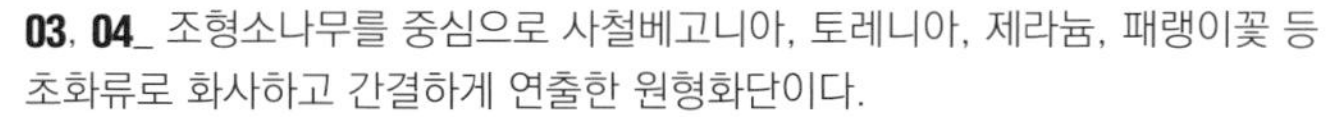

03, 04_ 조형소나무를 중심으로 사철베고니아, 토레니아, 제라늄, 패랭이꽃 등 초화류로 화사하고 간결하게 연출한 원형화단이다.

05_ 자연 그대로의 초록 경관과 국내 최초 품종인 그린에버 잔디의 싱그러움이 신선한 분위기를 발산한다.

06_ 석축 위에 조경블록으로 벽체를 세우고 앞쪽 경계에 금사철나무를 열식하여 녹색경관의 자연스러운 연계성을 고려했다.

01_ 내구성이 강하고 차별화된 조경블록을 이용한 디자인이다.
02_ 독립된 공간에 한 단계 업그레이드한 캠프파이어 시설과 보도블록, 스트리트 퍼니처를 배치하였다.
03_ 직선뿐만 아니라 곡선까지 다양한 형태의 디자인과 기능을 갖춘 조경블록 화단이다.
04_ 캠프파이어나 바비큐 파티를 할 수 있는 원형 화덕 주변에 조경블록으로 낮게 담을 두르고 관목으로 가림막 효과를 냈다.

05_ 자연의 원경과 넓은 그린 필드, 조경이 일체감을 이룬 시원스러운 공간이다. 화단에는 에메랄드그린, 에메랄드골드, 남천을 식재했다.
06_ 그린 필드와 숲을 잇는 조경은 이동의 편리성을 고려하여 비교적 넓고 견고한 보도를 설계하였다.
07_ 곡선의 부드러움과 수공간의 감성을 구현한 미니벽천이다.

01_ 야외 휴식을 취할 수 있도록 정원 한쪽에 배치한 정자는 그 자체만으로 하나의 멋진 점경물이 된다.
02_ 나무의 속살을 그대로 드러낸 정자의 기둥과 기둥 사이에 병풍처럼 정원 풍경이 가득하다.
03_ 골프텔에서 바로 정원으로 출입할 수 있도록 산책로로 연결하였다.
04_ 정원 한쪽에 다용도로 쓸 유리온실도 마련되어 있다.

01

02

03

04

05_ 골프텔 측면에도 조경블록으로 낮은 화단을 만들고 금송과 수수꽃다리, 제라늄 등을 심었다.
06_ 밝고 정형화한 조경블록 사이에 짙은 화산석 화단으로 분위기의 변화를 꾀한 연출이다.
07_ 주차장에서 바로 진입할 수 있는 주 출입구 옆의 독수리 석조물은 내장산골프&리조트의 상징이다.

도시적인 건축물과 조경이 자연스럽게 어울린다. 경사지에 단을 쌓아 꽃과 나무를 심어 조성하고 떨어지는 폭포를 두어 변화를 꾀하였다.

23 9,917 ㎡ 3,000 py

강화 엘리야리조트

낭만적인 바다의 차경과 석재 디자인이 돋보이는 정원

위　　치 인천광역시 강화군 화도면 해안남로 2782-24
조경면적 9,917㎡(3,000py)
조경설계·시공 조경나라꽃나라
취재협조 엘리야리조트 T.1522-1507

엘리야리조트는 도심에서 그리 멀지 않은 곳, 강화도 해안도로 힐 사이드에 자리 잡고 있다. 뒤로는 마니산을 등지고 앞으로는 석모도가 한눈에 내려다보이는 탁 트인 서해 전망과 진홍빛 낙조가 환상적인 분위기로 바다의 시원함과 낭만적인 분위기를 즐길 수 있는 자연환경이다. 힐사이드에 위치에 있으면서 비교적 넓은 면적에 조성한 조경은 휴식지로서의 편안함을 구현해 내면서 주변 자연환경의 아름다운 분위기를 조화롭게 끌어내는 것이었다. 경사지란 지형의 보완적 기능을 먼저 고려하여 주로 석재를 이용하였다. 건축과정에서 채취한 자연석과 기능성과 효율성, 심미성이 뛰어난 다양한 조경블럭을 적재적소에 활용하여 전체 조경의 기반을 닦는 석축과 단쌓기에 공을 많이 들였다. 돌의 모양과 질감을 이용하여 다양한 형태의 디자인으로 석축을 쌓아 기능적인 면은 물론 감각적이고 리드미컬한 조형미를 살린 석축 겸 화단이 눈길을 끌며 정원의 분위기를 주도한다. 건축물과 식재물의 균형감을 고려하여 공간마다 성격에 맞는 화단을 조성하고 알맞은 식재를 선택하여 계절별 변화감 있는 자연미를 강조하였다. 석재로 완성한 점경물과 첨경물, 조명등 배치를 통해 나름 경제적이면서도 바다와 잘 어우러진 야간 분위기도 특색있게 연출하였다. 공간미를 살려 길고 시원스럽게 조성한 잔디마당의 무대 한편에는 독특한 수형을 자랑하는 꽝꽝나무가 눈길을 끌고, 다른 한편에는 벽천과 개울이 흐르는 수공간이 잘 조성되어 있다. 화초류와 조경석, 아기자기한 첨경물 등이 잘 어우러져 둘러보는 재미도 있다. 회색빛 도심을 떠나 힐링이 필요할 때 언제나 푸른 수평선 너머로 고즈넉이 깔리는 서해의 일몰을 바라보며 바다의 정취에 흠뻑 취할 수 있는 곳, 아름다운 차경이 있는 정원이다.

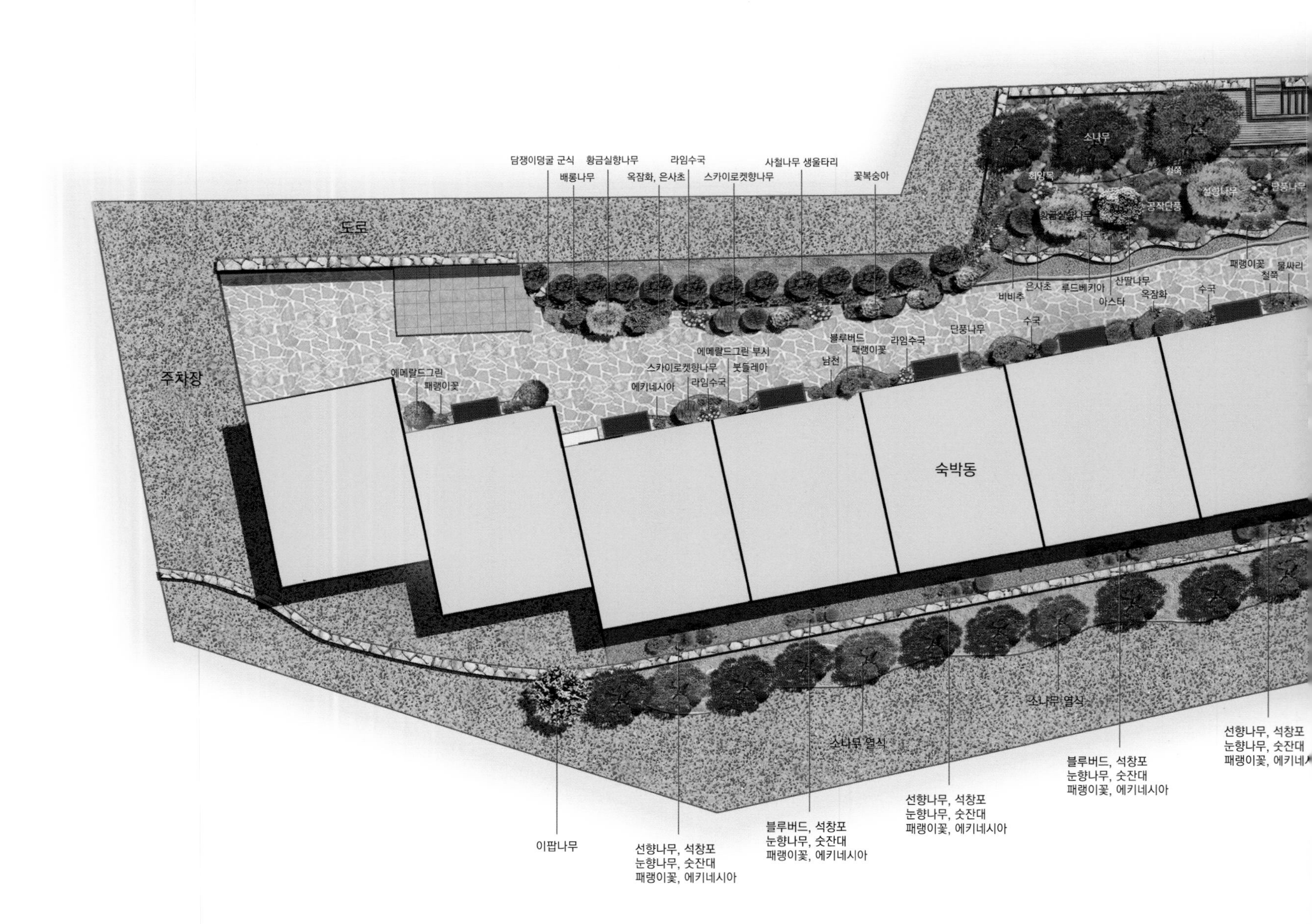
담쟁이덩굴 군식
황금실향나무
라임수국
사철나무 생울타리
배롱나무
옥잠화, 은사초
스카이로켓향나무
꽃복숭아
도로
소나무
주차장
에메랄드그린
패랭이꽃
에메랄드그린 부시
스카이로켓향나무
붓들레아
에키네시아
라임수국
블루버드
패랭이꽃
라임수국
남천
단풍나무
수국
비비추
은사초
루드베키아
산딸나무
아스타
옥잠화
수국
패랭이꽃
철쭉
물싸리
숙박동
소나무 열식
소나무 열식
이팝나무
선향나무, 석창포
눈향나무, 숫잔대
패랭이꽃, 에키네시아
블루버드, 석창포
눈향나무, 숫잔대
패랭이꽃, 에키네시아
선향나무, 석창포
눈향나무, 숫잔대
패랭이꽃, 에키네시아
블루버드, 석창포
눈향나무, 숫잔대
패랭이꽃, 에키네시아
선향나무, 석창포
눈향나무, 숫잔대
패랭이꽃, 에키네

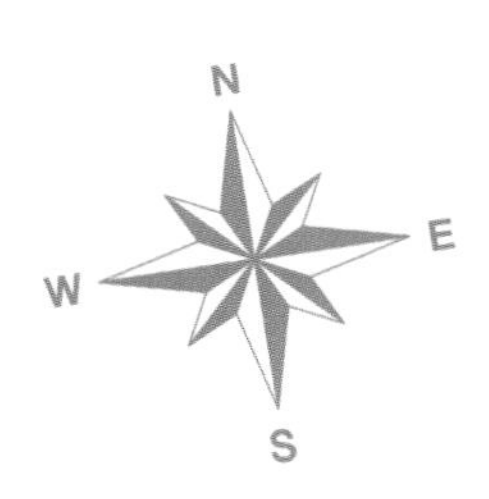
N
E
W
S

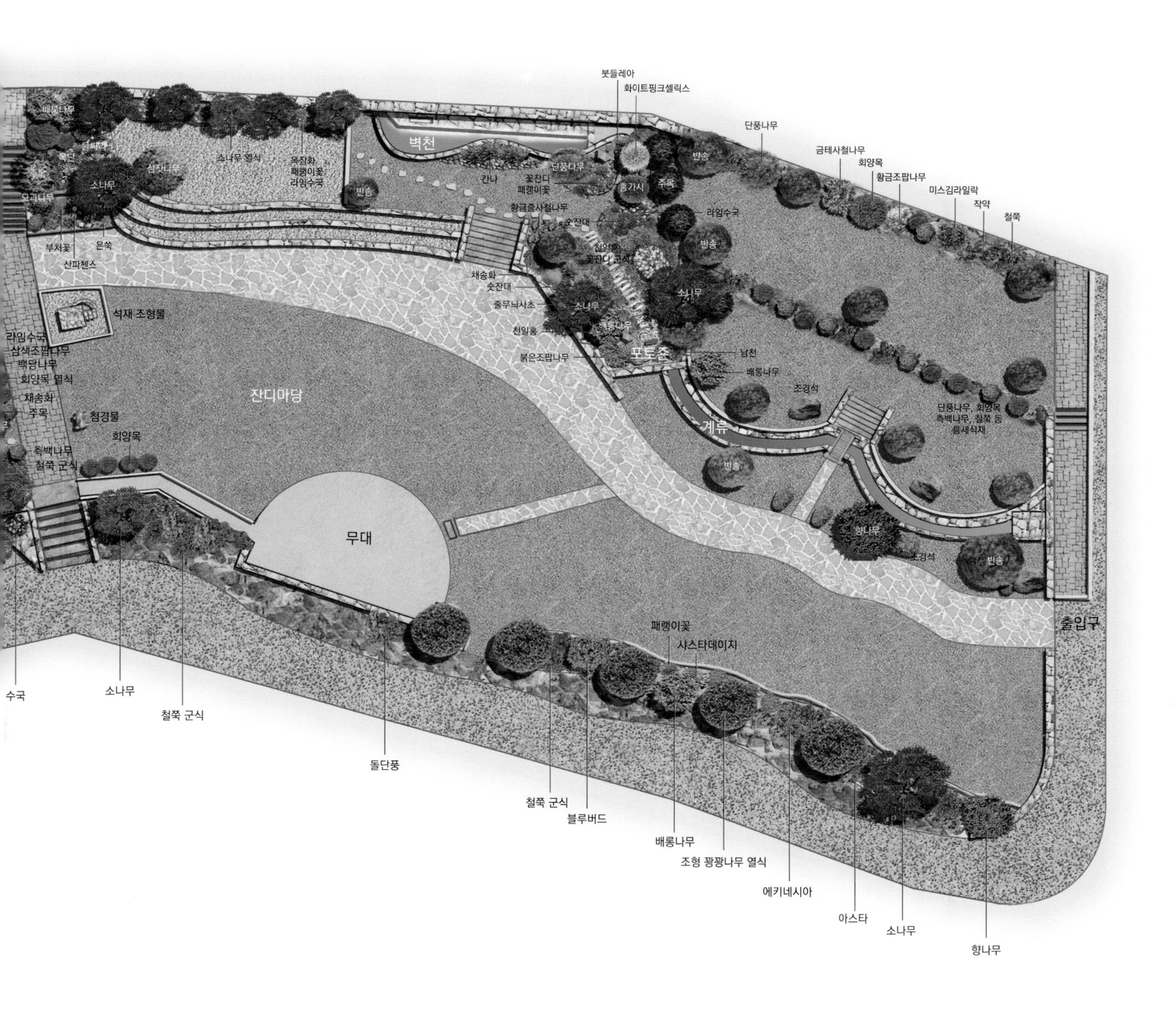
붓들레아
화이트핑크셀릭스
단풍나무
금테사철나무
회양목
황금조팝나무
미스김라일락
작약
철쭉
벽천
소나무 열식
옥잠화
패랭이꽃
라임수국
반송
칸나
단풍나무
꽃잔디
패랭이꽃
호가시
주목
황금줄사철나무
숫잔대
라임수국
반송
소나무
부처꽃
은쑥
산파첸스
채송화
숫잔대
줄무늬사초
소나무
천일홍
붉은조팝나무
포토존
남천
배롱나무
조경석
석재 조형물
라임수국
삼색조팝나무
백당나무
회양목 열식
채송화
주목
첨경물
회양목
측백나무
철쭉 군식
잔디마당
계류
반송
단풍나무, 회양목
측백나무, 철쭉 등
틈새식재
무대
향나무
조경석
반송
출입구
패랭이꽃
사스타데이지
수국
소나무
철쭉 군식
돌단풍
철쭉 군식
블루버드
배롱나무
조형 광광나무 열식
에키네시아
아스타
소나무
향나무

주요 나무와 야생화 MAJOR TREE & WILD FLOWER

금태사철나무 여름, 6~7월, 연한 황록색
녹색인 잎사귀에 황금색 무늬가 있다. 울타리나 정원, 반그늘진 곳에 서식한다.

꽝꽝나무 봄~여름, 5~6월, 백록색
잎이 통통하고 두꺼워서 불에 태우면 '꽝꽝'하는 듯한 큰 소리가 난다고 해서 붙여진 이름이다.

라임수국 여름~가을, 7~10월, 연녹색·백색 등
꽃이 대형 원추꽃차례로 개화 초기에는 연녹색을 띠다 백색으로 변하고 가을에는 연분홍색을 띤다.

리아트리스 여름, 6~7월, 보라색
줄기는 곧게 자라며, 꽃이 줄기 상부에 수상화서로 조밀하게 피며, 화서에는 부드러운 털이 있다.

물싸리 여름, 6~8월, 노란색
개화 기간이 길다. 정원의 생울타리, 경계식재용으로 또는 암석정원에 관상수로 심어 가꾼다.

붉은숫잔대 여름~가을, 7~9월, 붉은색
한창 더위가 시작할 때 피어 가을이 오기 전까지 붉고 강렬하게 정원을 밝혀주는 꽃이다.

블루버드 봄~겨울, 1~12월, 청회색
잎이 부드러우며 은백색의 무늬로 눈 덮인 모습이며, 내한성이 좋아 노지 월동이 가능하다.

산딸나무 봄, 5~6월, 흰색
흰 꽃은 십(十)자 모양으로 성스러운 나무로 사랑받고 있다. 열매는 딸기처럼 붉은빛으로 익는다.

양달개비 봄~여름, 5~7월, 자주색
높이 50cm 정도며 줄기는 무더기로 자란다. 닭의장풀과 비슷하나 꽃 색이 진한 자주색이다.

에키네시아 여름, 6~8월, 분홍색·흰색 등
북아메리카 원산으로 다년생이며, 꽃 모양이 원추형이고 꽃잎이 뒤집어져 아래로 쳐진다.

옥잠화 여름~가을, 8~9월, 흰색
꽃은 총상 모양이고 화관은 깔때기처럼 끝이 퍼진다. 저녁에 꽃이 피고 다음날 아침에 시든다.

은쑥 봄~여름, 5~7월, 노란색
일본 원산인 국화과 다년생 식물로 처음에는 녹색을 띠지만 은회색으로 점차 변한다.

천일홍 여름~가을, 7~10월, 붉은색·흰색 등
한해살이풀로 작은 꽃이 줄기 끝과 가지 끝에 한 송이씩 달려 두상 꽃차례를 이룬다.

패랭이꽃/석죽 여름~가을, 6~8월, 붉은색
높이 30cm 내외로 꽃의 모양이 옛날 사람들이 쓰던 패랭이 모자와 비슷하여 지어진 이름이다.

플록스 여름, 6~8월, 진분홍색
그리스어의 '불꽃'에서 유래되었다. 꽃이 줄기 끝에 다닥다닥 모여 있는 모습이 매우 정열적이다.

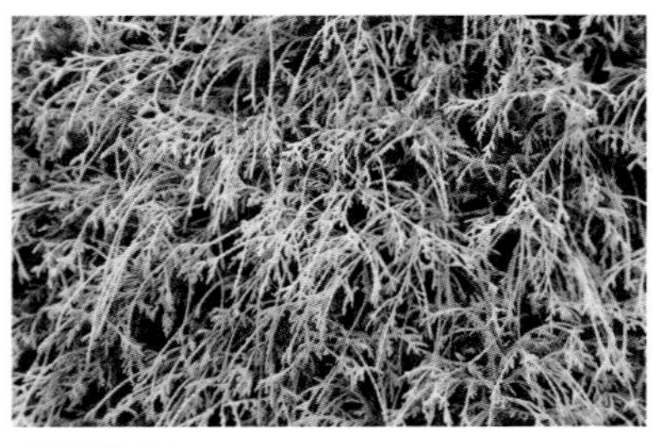

황금실향나무 봄, 4월, 노란색
사계절 내내 푸르고 가는 부드러운 잎이 특징으로 실과 같이 가는 황금색 잎이 밑으로 처진다.

01_ 노을진 저녁 바다가 훤히 내려다 보이는 정원에서 시원한 바람과 맑은 공기를 마시며 다양한 분위기의 바깥 풍경을 즐길 수 있다.

02_ 넓게 펼쳐진 바다와 산의 풍경이 조경과 연계되도록 정원이 자연으로 확장되고, 자연이 정원으로 들어오도록 조성하였다.

03_ 주변의 수려한 자연경관을 배경 삼아 집을 짓고 지형과 배치, 조망, 향 등 주변 환경을 최대한 넓게 개방한 차경이 아름다운 정원이다.

01_ 원석으로 치장 마감한 옹벽과 건물을 배경으로 석등, 물확, 다딤이돌 등 전통의 멋이 묻어나는 점경물, 첨경물들을 곳곳에 적절히 배치하였다.
02_ 장대석계단을 쌓고 경사지에 단을 만들거나 그 사이에 한국 전통조경의 화계와 같은 형태로 초화류를 심어 꾸민 화단이다.

03_ 식물재료 이외에 석등·호박돌·사슴 등 장식물들을 더해 연출효과를 높였다.
04_ 큰 소나무 밑에 자연석을 놓고 라임라이트수국, 금태사철나무, 목단 등 관목과 화초류를 심어 조원했다. 다양한 석조물과 물확 등의 점경물들이 어울려 분위기를 더한다.
05_ 내구성이 뛰어난 판석을 디딤돌로 사용하고 개성 있는 식재와 자연석 등으로 공간을 연출하여 조성한 하트모양의 포토존이다.
06_ 조경블록은 구조적 안정성은 물론, 자유로운 형태의 디자인이 가능하고, 쉽고 빠른 건식공법으로 해체 후에도 재활용할 수 있다.

01

02

03

01_ 육중한 자연석으로 석축을 쌓고 여유 있는 공간배치로 여백미를 살렸다. 자연석이 식물과 어우러져 경관미가 더욱 깊어진 화단이다.
02_ 둥근향나무, 주목, 소나무, 반송을 요점식재하고 돌다리와 돌을 배치하여 조화를 꾀하였다.
03_ 단과 단 사이를 잇는 동선에 일체형 돌다리를 놓아 구성지게 처리한 디테일이다.
04_ 표면에 천공이 도드라진 현무암은 뛰어난 내구성과 고급스러우면서 우아하고 자연스러운 색과 질감으로 가장 많이 선호하는 석재포장 재료 중 하나이다.
05_ 정원 곳곳에 조성한 조경물과 각기 다른 모습의 작은 화단들을 둘러보는 재미도 쏠쏠하다.
06_ 조경블록은 자연스러운 질감과 색감, 여기에 유연성, 심미성, 조형성까지 두루 갖춘 안정적인 재료로 계단이나 화단뿐만 아니라 낮은 벽체 시스템, 옹벽까지도 시공이 가능하다.

04

06

05

01_ 화단을 여러 곳에 조성하고 봄부터 가을까지 연속적으로 꽃을 볼 수 있도록 계절별 개화 시기를 고려하여 식재를 선택했다.
02_ 교목과 관목, 다년생 초화류 및 지피식물로 고정성 경관을 연출한 후, 일년생 초화를 추가하여 계절마다 변하는 다채로운 모습의 화단을 감상할 수 있다.
03_ 너무 많은 종류의 수목보다는 절제된 몇몇 수종만을 반복 식재함으로써 비교적 간결한 분위기로 연출한 조경이다.
04_ 돌의 윤곽과 모양을 살려 파도 모양의 부드러운 곡선으로 완성도를 높인 화단이다. 돌 자체의 아름다움만으로도 보는 즐거움이 있다.

05_ 건축 과정에서 채취한 자연석으로 강화도 마니산 정상에 있는 제단인 참성단을 형상화한 조형물을 설치하였다.
06_ 지역의 대표적인 문화의 특성을 보이는 지석묘, 첨성단을 조경 요소로 활용하였다.
07_ 도시적인 건축물과 조화를 이루어 조성한 간결한 분위기의 조경이다.
경사지에 단을 쌓아 화단을 만들고 수목과 초화류, 흘러내리는 미니 폭포로 생동감을 불어넣었다.

가을에 맞는 테마를 정하고 색상의 조화까지 고려하여 선택한 수종으로 격조 있게 조원하였다.

24 1,322 m² / 400 py

강화 한수그린텍

대칭과 비대칭의 조화로움, 이색적 가을정원과 암석원

위　　치 인천광역시 강화군 길상면 장흥로 185-10
조 경 면 적 1,322㎡(400py)
조경설계·시공 한수그린텍
취 재 협 조 한수종합조경 T.02-323-1361~5

한수그룹은 조경업체로 시작하여 생태와 관련한 생태연못 조성 기술, 보도 및 주차장 잔디 보호 투수블록, 생태복원 설계·개발 등 인간의 쾌적한 삶을 위해 공간을 개선하고 자연에 가까운 환경을 연출하기 위해 꾸준히 노력하고 있다. 이런 목적을 알리고자 자회사인 강화도 한수그린텍 깊숙한 곳에 조성한 가을정원은 혼자 보기에는 아까울 정도로 숨어 있는 보물 같은 곳이다. 가을이란 테마를 정하고 여기에 어울리는 색상을 고려해 수종을 선택하고 암석원과 석재데크, 우드블록으로 평면을 분할하여 격조 높은 가을정원을 구현했다. 중앙에 자리 잡은 암석원 주변으로 다양한 색상과 형태의 대리석 석재데크가 비대칭을 이루며 놓여 있고, 주로 낮은 관목과 건조에 강한 세덤, 바위솔, 화초류로 틈새를 메워 꾸민 독특한 암석원이 하나의 작품처럼 감상미 선사한다. 벽천을 뒤덮으며 흐드러지게 피어있는 노란 산국과 바람결에 산들거리는 풍성한 억새밭까지 생각만 해도 감성이 흐르는 가을풍경이다. 가을정원의 특징은 기하학적이고 대칭적인 레이아웃으로 포멀가든(Formal Garden) 형태를 보여 논리적이고 질서 정연하고 정갈한 느낌을 주는 가운데 비대칭적인 디자인으로 변화를 시도하여 석재데크와 암석원의 관망 포인트를 끌어냈다. 포멀가든에서 비대칭적 요소는 흥미와 호기심을 일으켜 포멀가든의 단순함과 지루함을 보완해준다. 가을에 어울리는 식재와 색상 계획으로 마치 물감을 배합하여 채색하듯 그 어떤 스타일의 정원보다 아름답고 깊은 감상미를 느낄 수 있는 아름답고 격조 높은 정원이다. 의도된 인공미와 자연미가 조화를 이룬 가운데 간이 쉼터가 마련되어 있어 감성적인 가을정원의 분위기에 빠져들고 싶을 때 찾아가 조용히 힐링할 수 있는 특별한 곳이다.

낙상홍 군식
단풍나무
풍지초 군식
속새 군식
소나무
억새 군식
돌단풍 군식
관중 군식
산국 군식
황금눈향나무 군식
호자나무
용담
화살나무
낙상홍
바위솔
남기린초
바위솔
산국
설화(시베리아바위취)
남기린초
구절초
산국
억새 군식
산국
붉은조팝나무
구절초
대왕참나무
바위솔
불두화
단풍나무
억새 군식
억새 군식
수크령 군식
구절초 군식
대추나무 열식
억새 군식

벽천
관중 군식
좀새풀 열식
풍지초
바위솔
산국 군식
관중 군식
속새 군식
황금눈향나무 군식
바위솔
용담
좀새풀 열식
벚나무
암석원
분홍조팝나무
산국
구절초
홍자단
자작나무 군식
은사초
매발톱꽃
익소라
남기린초
은쑥
파랑세덤
해국
황금눈향나무
구절초
바위솔
대왕참나무
억새 군식
수크령 군식
대추나무 열식
소나무
수크령 군식
억새 군식
구절초 군식

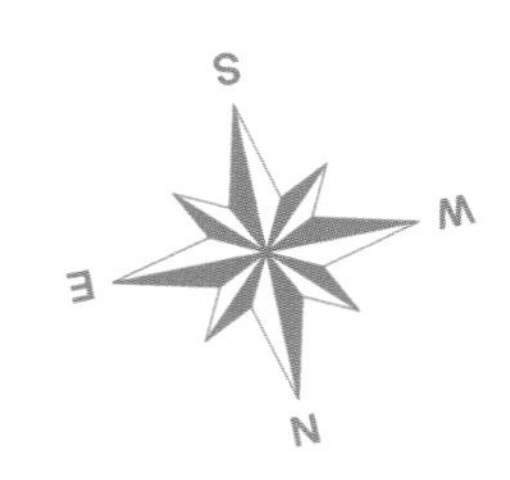

S
W
E
N

주요 나무와 야생화 MAJOR TREE & WILD FLOWER

구절초 여름~가을, 9~11월, 흰색
9개의 마디가 있고 음력 9월 9일에 채취하면 약효가 가장 좋다는 데서 구절초라는 이름이 생겼다.

낙상홍 여름, 6월, 붉은색
열매는 5mm 정도로 둥글고 붉게 익는데, 잎이 떨어진 다음에도 빨간 열매가 다닥다닥 붙어 있다.

대나무 여름, 6~7월, 붉은색
줄기는 원통형이고 가운데가 비었다. '매난국죽(梅蘭菊竹)'. 사군자 중 하나로 즐겨 심었다.

대추나무 여름, 6~7월, 황록색
높이 7~8m로 열매는 길이 2~3cm로 타원형의 핵과로 9~10월에 녹색이나 적갈색으로 익는다.

돌단풍 봄, 4~5월, 흰색
잎의 모양이 5~7개로 깊게 갈라진 단풍잎과 비슷하고 바위틈에서 자라 '돌단풍'이라고 한다.

바늘잎참나무 봄, 4~5월, 노란색
'대왕참나무'라고도 하며 수형이 피라미드 모양을 이루고 가을에 단풍이 아름다워 관상수로 심는다.

붉은조팝나무 여름, 6월, 분홍색
꽃이 만발한 식물체의 모양이 튀긴 좁쌀을 붙인 것같이 보인다고 하여 조팝나무라 한다.

분홍세덤 봄~가을, 3~11월, 분홍색
초장은 5~10㎝ 정도로 자라면 잎의 관상 가치가 높다. 가을에 잎에 드는 붉은 단풍은 꽃이 피어 있는 듯 보인다.

산국 가을, 9~10월, 노란색
높이 1m로 들국화의 한 종류로서 '개국화'라고도 한다. 흔히 재배하는 국화의 조상이다.

속새 봄~여름, 4~6월(포자기)
땅속줄기에서 여러 개씩 나오는 줄기는 높이 40~80cm, 지름 4~8mm 정도로 원통형의 녹색이다.

수크령 여름~가을, 8~9월, 자주색
화서는 원주형이고 길이는 15~25cm, 지름은 15mm로서 흑자색이며 관상 가치가 있다.

억새 가을, 9~10월, 자주색
뿌리줄기가 땅속에서 옆으로 퍼지며, 칼 모양의 잎은 가장자리에 날카로운 톱니가 있다.

자작나무 봄, 4~5월, 노란색
팔만대장경을 만든 나무로 하얀 나무껍질이 아름다워 숲속의 귀족이란 별명이 붙어 있다.

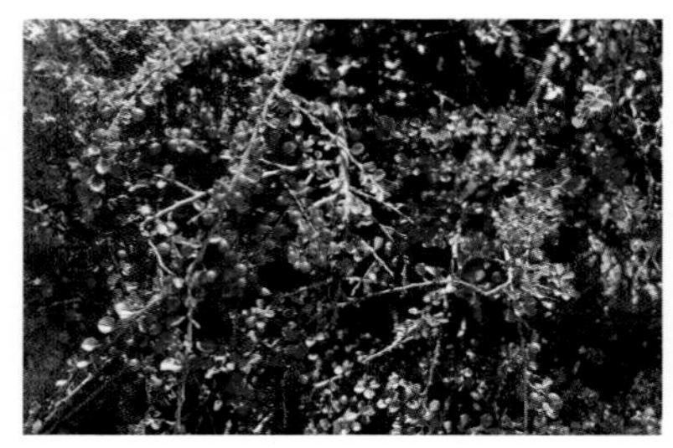

홍자단 봄~여름, 5~6월, 연홍색·흰색
고산지대에 자생하며 장미과의 낙엽 또는 반상록성 키 작은 나무로서 높이는 50㎝이다.

화살나무 봄, 5월, 녹색
많은 줄기에 많은 가지가 갈라지고 가지에는 화살의 날개 모양을 띤 코르크질이 2~4줄이 생겨난다.

황금눈향나무 봄, 4~5월, 노란색
원줄기가 비스듬히 서거나 땅을 기며 퍼진다. 향나무와 비슷하나 옆으로 자라 가지가 꾸불꾸불하다.

01_ 경사지를 이용해 만든 벽천을 흐드러지게 뒤덮은 노란 산국이 가을 정원의 분위기를 한껏 고조시킨다.
02_ 물가에서 잘 자라는 초록 속새와 붉은 화산석 벽천의 조화가 새로운 느낌을 선사한다.
03_ 우드블록과 석재데크 사이에 심은 가을의 신사 용담꽃이 탐스러운 꽃망울로 시선을 끈다.

01_ 가을 정원의 포인트인 암석원을 중심으로 주변에 다양한 색상과 형태의 대리석으로 데크를 깔아 꾸민 가을정원의 평면디자인이다.
02_ 키 낮은 관목과 건조한 환경에 강한 세덤이나 바위솔, 화초류의 틈새식재로 연출한 암석원이다.
03_ 암석원과 석재데크, 우드블록 등 질감이 다른 재료로 변화를 준 평면 디자인으로 어디서든 다채로운 모습을 감상할 수 있다.

04_ 사계절 푸른 대나무를 요점식재 하여 풍성한 가을 정원의 운치를 더했다.
05_ 바늘잎참나무(대왕참나무) 주변에 우드블록을 깔고 사각 등받이 벤치를 설치한 휴게공간이다.
06_ 우드블록을 지나면 자연스럽게 생태정원으로 이어지며 깊은 가을풍경 속으로 젖어들게 한다.

01_ 대칭과 비대칭의 평면 디자인을 관망 포인트로 조성한 격조 있는 정원 분위기를 느낄 수 있다.
02_ 옹벽 대신 화산석으로 벽천을 만들고 돌 틈새에서 잘 자라는 각종 초화류를 심어 마치 거대한 석부작을 보는 듯 하다.
03_ 노란 벽천과 색감의 조화를 이룬 목제 벤치다.

04_ 억새로 둘러싸인 바늘잎참나무 아래 원형 테이블, 편히 쉬며 가을 정취에 흠뻑 빠질 수 있는 아늑한 공간이다.
05_ 인공미와 자연미가 조화를 이룬 가을 정원의 낭만적인 분위기를 즐기며 편히 머물 수 있는 감성적인 공간이다.
06_ 산국, 대왕참나무, 화살나무, 단풍나무, 낙상홍 등 울긋불긋 오색단풍과 열매, 억새가 어우러져 절정을 이룬 가을 풍경이다.
07_ 규격화된 대리석을 일정한 간격으로 놓아 분홍세덤으로 틈새를 메운 새로운 모습을 선보였다.

01_ 한수종합조경 내에 설치한 생태연못으로 위에서부터 계류, 연못, 수영구역, 정화구역으로 순환시스템을 갖춰 1급 수질을 자랑한다.
02_ 정원으로 오르는 계단 좌우에는 화살나무, 대추나무, 구절초, 억새 등이 풍성하게 식재되어 있다.
03_ 산이나 들, 건조한 환경에서 잘 자라는 가을의 대명사 억새, 무리 지어 바람에 나부끼면 은빛 물결이 장관을 이룬다.

권말부록

정원의 수목과 초화 200선

GARDEN TREE & WILD FLOWER 200

정원의 수목 100

자연 상태에 있는 모든 수종을 정원수로 이용할 수 있으나 그 크기에 따라 교목과 관목으로 크게 나눌 수 있다. 관상용 정원수는 계절별로 꽃이 피는 시기, 열매를 맺고 낙엽이 지는 시기가 달라 철따라 변하는 나무의 특성을 고려하여 적절하게 혼식하면 다양한 표정의 정원을 유지할 수 있다. 쓰임새에 따라 꽃, 열매, 수형, 잎, 단풍, 줄기 색채 등이 알맞은 정원수를 선택할 수 있다. 녹음용 수목은 그늘을 형성하고 겨울에는 잎이 떨어지며, 높이와 가지로 형성된 수관이 큰 교목류가 적당하다. 다음은 정원에 주로 심는 수종을 선별하여 가나다순으로 나타낸 것이다.

001 개나리 봄, 4월, 노란색
노란색의 개나리가 피기 시작하면 봄이 옴을 느끼게 된다. 정원용, 울타리용으로 많이 심는다.

002 겹벚꽃나무 봄, 4~5월, 분홍색
벚꽃이 여러 겹이여 붙여진 이름으로 잎도 크고 꽃도 큰 편이어서 꽃만 피면 쉽게 구별할 수 있다.

003 골담초 봄, 5월, 노란색·주황색
길이가 2.5~3m로서 처음에는 황색으로 피어 후에 적황색으로 변하고, 아래로 늘어져 핀다.

004 공작단풍/공작단풍 봄, 5월, 붉은색
잎이 7~11개로 갈라지고 갈라진 조각이 다시 갈라지며 잎은 가을에 붉은 빛깔로 물든다.

005 공조팝나무 봄, 4~5월, 흰색
크기는 높이 1~2m 정도로 꽃은 잎과 같이 피고 지름 7~10mm로서 가지에 산형상으로 나열된다.

006 괴불나무 봄~여름, 5~6월, 노란색·흰색
열매는 달걀형 또는 원형이며 길이 7mm로 붉은색이고 9월 말에서 10월 말에 성숙한다.

007 구상나무 봄, 6월, 짙은 자색
한국 특산종으로 나무껍질은 잿빛을 띤 흰색으로 정원수나 크리스마스트리로도 많이 이용한다.

008 금목서 가을, 9~10월, 노란색
푸른 잎과 자주색 열매, 섬세하고 풍성한 가지에 향기까지 갖춘 초겨울을 즐길 수 있는 정원수이다.

009 금송 봄, 3~4월, 연노란색
잎 양면에 홈이 나 있는 황금색으로 마디에 15~40개의 잎이 돌려나서 거꾸로 된 우산 모양이 된다.

010 꽃말발도리 봄, 5월, 붉은색
꽃은 새로 난 줄기 끝에 모여 피는데 꽃봉오리에 분홍색이고, 흰색이 도는 것은 만첩빈도리이다.

011 꽃사과 봄, 4~5월, 흰색 등
잎은 사과 잎보다 연한 녹색으로 광택이 나며 꽃은 한 눈에서 6~10개의 흰색·연홍색의 꽃이 핀다.

012 낙상홍 여름, 6월, 붉은색
열매는 5mm 정도로 둥글고 붉게 익는데, 잎이 떨어진 다음에도 빨간 열매가 다닥다닥 붙어 있다.

013 남경도 봄, 4월, 붉은색·흰색
북미가 원산이며 복숭아나무의 변종으로 꽃복숭아라고도 하며 열매는 작아서 식용하지 않는다.

014 남천 여름, 6~7월, 흰색
과실은 구형이며 10월에 붉게 익는다. 단풍과 열매도 일품이어서 관상용으로 많이 심는다.

015 눈향나무 봄, 4~5월, 노란색
원줄기가 비스듬히 서거나 땅을 기며 퍼진다. 향나무와 비슷하나 옆으로 자라 가지가 꾸불꾸불하다.

016 느티나무 봄, 4~5월, 노란색
가지가 고루 퍼져서 좋은 그늘을 만들고 벌레가 없어 마을 입구에 정자나무로 가장 많이 심어진다.

017 능소화 여름, 7~9월, 주황색
옛날에는 능소화를 양반집 마당에만 심을 수 있었다 하여 '양반꽃'이라고 부르기도 한다.

018 능수홍도 봄, 4~5월, 붉은색
가지가 늘어져 자라는 복숭아나무로 흰색·홍색으로 흐드러지게 피는 꽃이 관상가치가 있다.

019 단풍나무 봄, 5월, 붉은색
10m 정도의 높이로 껍질은 옅은 회갈색이고 잎은 마주나고 손바닥 모양으로 5~7개로 깊게 갈라진다.

020 담쟁이덩굴 여름, 6~7월, 녹색
덩굴손은 끝에 둥근 흡착근(吸着根)이 있어 돌담이나 바위 또는 나무줄기에 붙어서 자란다.

021 대나무 여름, 6~7월, 붉은색
줄기는 원통형이고 가운데가 비었다. '매난국죽(梅蘭菊竹)'. 사군자 중 하나로 즐겨 심었다.

022 댕강나무 봄, 5월, 흰색
옅은 홍색 꽃이 잎겨드랑이 또는 가지 끝에 두상으로 모여 한 꽃대에 3개씩 꽃이 달린다.

023 덩굴장미/넝쿨장미 봄, 5~6월, 붉은색
덩굴을 뻗으며 장미꽃을 피워서 이런 이름이 붙었으며 집에서는 흔히 울타리에 심는다.

024 동백나무 봄, 12~4월, 붉은색
5~7개의 꽃잎은 비스듬히 퍼지고 수술은 많으며 꽃잎에 붙어서 떨어질 때 함께 떨어진다.

025 등나무 봄, 5~6월, 연자주색
높이 10m 이상의 덩굴식물로 타고 올라 등불 같은 모양의 꽃을 피우는 나무라는 뜻이 있다.

026 라임라이트 수국 여름~가을, 7~10월, 연녹색·백색 등
꽃이 대형 원추꽃차례로 개화 초기에는 연녹색을 띠다 백색으로 변하고 가을에는 연분홍을 띤다.

027 말발도리 봄~여름, 5~6월, 흰색
열매가 말발굽 모양을 하고 있고 꽃잎과 꽃받침조각은 5개씩이고 수술은 10개이며 암술대는 3개이다.

028 매화나무 봄, 2~4월, 흰색·담홍색 등
잎보다 먼저 피는 꽃이 매화이고 열매는 식용으로 많이 쓰는 매실이다. 상용 또는 과수로 심는다.

029 먼나무 봄, 5~6월, 연자주색
가을이면 연초록빛의 잎사귀 사이사이로 붉은 열매가 나무를 온통 뒤집어쓰고, 겨울을 거쳐 늦봄까지 매달려 있다.

030 메타세쿼이아 봄, 3월, 노란색
살아 있는 화석식물로 원뿔 모양으로 곧고 아름다워서 가로수나 풍치수로 널리 심는다.

031 명자나무 봄, 4~5월, 붉은색
정원에 심기 알맞은 나무로 여름에 열리는 열매는 탐스럽고 아름다우며 향기가 좋다.

032 모과나무 봄, 5월, 분홍색
울퉁불퉁하게 생긴 타원형 열매는 9월에 황색으로 익으며 향기가 좋고 신맛이 강하다.

033 모란 봄, 5월, 붉은색
목단(牧丹)이라고도 한다. 꽃은 지름 15cm 이상으로 크기가 커서 화왕으로 불리기도 한다.

034 목련 봄, 3~4월, 흰색
이른 봄 굵직하게 피는 흰 꽃송이가 탐스럽고 향기가 강하고 내한성과 내공해성이 좋은 편이다.

035 물싸리 여름, 6~8월, 노란색
개화 기간이 길다. 정원의 생울타리, 경계식재용으로 또는 암석정원에 관상수로 심어 가꾼다.

036 미국산딸나무 봄, 4~5월, 분홍색·흰색 등
봄에는 아름다운 꽃, 여름에는 잎, 가을에는 붉은 단풍, 겨울에는 열매까지 감상 가치가 뛰어나다.

037 미선나무 봄, 3~4월, 붉은색·백색
세계적으로 1속 1종밖에 없는 희귀종이므로 천연기념물로 지정하여 보호하고 있다.

038 박태기나무 봄, 4월, 분홍색
잎보다 분홍색의 꽃이 먼저 피며 꽃봉오리 모양이 밥풀과 닮아 '밥티기'란 말에서 유래 되었다.

039 반송 봄, 5월, 노란색·자주색
높이 2~5m로 잎은 2개씩 뭉쳐나며 줄기 밑 부분에서 많은 줄기가 갈라져 우산 모양이다.

040 배롱나무/백일홍/간지럼나무 여름, 7~9월, 붉은색 등
100일 동안 꽃이 피어 '백일홍' 또는 나무껍질을 손으로 긁으면 잎이 움직인다고 하여 '간지럼나무'라고도 한다.

041 백송 봄, 5월, 황갈색
수피가 큰 비늘처럼 벗겨져서 밋밋하고 흰빛이 돌므로 백송(白松), 백골송(白骨松)이라고 한다.

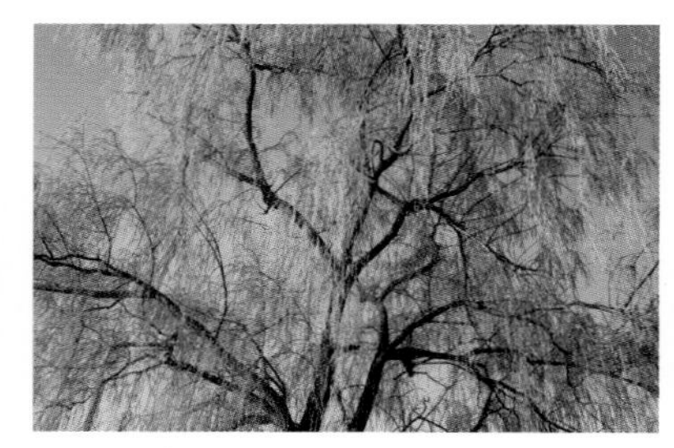

042 버드나무 봄, 4월, 노란색
작은 가지는 노란빛을 띤 녹색으로 밑으로 처진다. 풍치가 좋아 가로수와 풍치수로 심는다.

043 벚나무 봄, 4~5월, 분홍색
꽃은 잎보다 먼저 피고 산방꽃차례로 3~6개의 꽃이 달린다. 열매는 흑색으로 익으며 버찌라고 한다.

044 보리수나무 봄, 5~6월, 흰색
꽃은 처음에는 흰색이다가 연한 노란색으로 변하며 1~7개가 산형(傘形)꽃차례로 달린다.

045 복숭아나무 봄, 4~5월, 흰색·연홍색
낙엽 소교목으로 높이는 3m 정도로 복사나무라고도 한다. 열매는 식용하고, 씨앗은 약재로 쓰인다.

046 불두화 여름, 5~6월, 연초록색·흰색
꽃의 모양이 부처의 머리처럼 곱슬곱슬하고 4월 초파일을 전후해 꽃이 만발하므로 불두화라고 부른다.

047 블루베리 봄, 4~6월, 흰색
열매는 비타민C와 철(Fe)이 풍부하다. 산성이 강하고 물이 잘 빠지면서도 촉촉한 흙에서만 자란다.

048 뽕나무 여름, 6월, 노란색
오디는 소화 기능과 대변의 배설을 순조롭게 한다. 먹고 나면 방귀가 뽕뽕 나온다고 뽕나무라고 한다.

049 사과나무 봄, 4~5월, 흰색
열매는 꽃받침이 자라서 되고 8~9월에 붉은색으로 익는데 황백색 껍질눈이 흩어져 있다.

050 사철나무 여름, 6~7월, 연한 황록색
겨우살이나무, 동청목(冬靑木)이라고 한다. 추위에 강하고 사계절 푸르러 생울타리로 심는다.

051 산딸나무 봄, 5~6월, 흰색
흰 꽃은 십(十)자 모양으로 성스러운 나무로 사랑받고 있다. 열매는 딸기처럼 붉은빛으로 익는다.

052 산사나무 봄, 5월, 흰색
9~10월에 지름 1.5cm 정도의 둥근 이과가 달려 붉게 익는데 끝에 꽃받침이 남아 있고 흰색의 반점이 있다.

053 산수국 여름, 7~8월, 흰색·하늘색
낙엽관목으로 높이 약 1m이며 작은 가지에 털이 나고 꽃은 가지 끝에 산방꽃차례로 달린다.

054 산수유 봄, 3~4월, 노란색
봄을 여는 노란색 꽃은 잎보다 먼저 피고 가을에 식용이 가능한 붉은색 열매가 달린다.

055 산철쭉 봄, 4~5월, 연분홍색 등
높이 2~5m로 철쭉은 걸음을 머뭇거리게 한다는 뜻의 '척촉(躑躅)'이 변해서 된 이름이다.

056 살구나무 봄, 4월, 붉은색
꽃은 지난해 가지에 달리고 열매는 지름이 3cm로 털이 많고 황색 또는 황적색으로 익는다.

057 삼색병꽃나무 봄, 5월, 백색·분홍·붉은색
우리나라에서의 특산식물로 병 모양의 꽃이 백색·분홍·붉은색의 3색으로 피어 관상용으로 심는다.

058 생강나무 봄, 3월, 노란색
꽃은 잎이 나오기 전에 피는데 잎겨드랑이에서 나온 짧은 꽃대에 작은 꽃들이 모여 산형꽃차례로 달린다.

059 석류나무 봄~여름, 5~7월, 주홍색
열매는 황색 또는 황홍색으로 익고 보석 같은 열매가 내비치는 특색 있는 열매로서 신맛이 강하다.

060 섬잣나무 봄, 5~6월, 노란색·연녹색
잎은 길이가 3.5~6cm인 침형(針形)으로 5개씩 모여 달려 오엽송(五葉松)이라고도 부른다.

061 소나무 봄, 5월, 노란색·자주색
항상 푸른 솔의 나무로 바늘잎은 2개씩 뭉쳐나고 2년이 지나면 밑 부분의 바늘잎이 떨어진다.

062 수국 여름, 6~7월, 자주색 등
중성화(中性花)인 꽃의 가지 끝에 달린 산방꽃차례는 둥근 공 모양이며 지름은 10~15cm이다.

063 수수꽃다리 봄, 4~5월, 자주색·흰색 등
한국 특산종으로 북부지방의 석회암 지대에서 자라며 향기가 짙은 꽃은 묵은 가지에서 자란다.

064 아로니아 봄, 4~5월, 흰색
장미과의 낙엽관목으로 높이는 2.5~3m이고 열매는 8월에 검게 익는데 열매는 식용하거나 관상용으로 재배한다.

065 앵두나무 봄, 4~5월, 흰색
앵도나무라고도 한다. 꽃은 흰색 또는 연한 붉은색이며 둥근 열매는 6월에 붉은색으로 익는다.

066 에메랄드골드 봄, 4~5월, 노란색
서양측백의 일종으로 황금색의 잎과 가지가 조밀하고 원추형의 수형이 아름다운 수종이다.

067 영춘화 봄, 3~4월, 노란색
봄을 맞이하는 꽃으로 줄기는 사각형이며 가지는 녹색이고 줄기에서 가지가 많이 갈라져 밑으로 처진다.

068 오죽 봄, 6~7월, 녹색
오죽(烏竹)은 까마귀의 검은 빛을 띤 검은 대나무를 말하며 아름다워서 관상용으로 많이 심는다.

069 옥매 봄, 4~5월, 흰색
꽃잎이 여러 겹인 만첩 꽃이며 가지마다 겹꽃이 촘촘하게 달려 나무 전체가 꽃으로 뒤덮인 것처럼 보인다.

070 으름덩굴 봄, 4~5월, 흰색
덩굴성 식물이며 잎은 손꼴겹잎으로 으름은 열매의 속살이 얼음처럼 보이는 데서 유래 되었다.

071 은행나무 봄, 4~5월, 녹색
열매가 살구와 비슷하다고 하여 살구 행(杏)자와 중과피가 희다 하여 은(銀)자를 합한 이름이다.

072 이팝나무 봄, 5~6월, 흰색
조선시대에 쌀밥을 이밥이라 했는데 쌀밥처럼 보여 이밥나무라 불리다가 이팝나무로 변했다.

073 인동덩굴 여름, 6~7월, 흰색
인동(忍冬), 인동초(忍冬草)로 불리고 꽃은 처음에는 흰색이나 나중에는 노란색으로 변한다.

074 자귀나무 여름, 6~7월, 흰색·분홍색
자귀나무는 해가 지고 나면 펼쳐진 잎이 서로 마주 보며 접힌다. 부부의 금실을 상징한다.

075 자목련 봄, 4월, 자주색
꽃은 잎보다 먼저 피고 꽃잎은 6개로 꽃잎의 겉은 짙은 자주색이며 안쪽은 연한 자주색이다.

076 자작나무 봄, 4~5월, 노란색
팔만대장경을 만든 나무로 하얀 나무껍질이 아름다워 숲속의 귀족이란 별명이 붙어 있다.

077 장미 봄, 5~9월, 붉은색 등
장미는 지금까지 약 2만 5,000종이 개발되었고 품종에 따라 형태, 모양, 색이 매우 다양하다.

078 조릿대 여름, 7월, 검자주색
높이 1~2m로 껍질은 2~3년간 떨어지지 않고 4년째 잎집 모양의 잎이 벗겨지면서 없어진다.

079 조팝나무 봄, 4~5월, 흰색
높이 1.5~2m로 꽃핀 모양이 튀긴 좁쌀을 붙인 것처럼 보이므로 조팝나무(조밥나무)라고 한다.

080 좀작살나무 여름, 7~8월, 자주색
가지는 원줄기를 가운데 두고 양쪽으로 두 개씩 마주 보고 갈라져 작살 모양으로 보인다.

081 주목 봄, 4월, 노란색·녹색
'붉은 나무'라는 뜻의 주목(朱木)은 나무의 속이 붉은색을 띠고 있어 붙여진 이름이다.

082 중국단풍 봄, 4~5월, 노란색
잎은 밑이 둥글며 가장자리가 거의 밋밋하고 끝이 3개로 갈라지며 갈라진 조각은 3각형이다.

083 쥐똥나무 봄, 5~6월, 흰색
높이는 2~4m이고 익은 열매의 모양과 색이 쥐똥처럼 생겨서 쥐똥나무라는 이름이 붙었다.

084 진달래 봄, 4~5월, 붉은색
화관은 벌어진 깔때기 모양이고 꽃은 잎보다 먼저 피고 가지 끝에 2~5개가 모여 달린다.

085 차나무 가을, 10~11월, 흰색·연분홍색
수술은 180~240개이고, 꽃밥은 노란색이다. 강우량이 많고 따뜻한 곳에서 잘 자란다.

086 철쭉 봄, 4~5월, 흰색 등
진달래와 달리, 철쭉은 독성이 있어 먹을 수 없는 '개꽃'으로 영산홍, 자산홍, 백철쭉이 있다.

087 층꽃나무 여름, 7~8월, 보라색
산과 들에 자라는 여러해살이풀로 꽃은 줄기와 가지 위쪽에 층층이 달리며, 붉은 보라색이다.

088 칠엽수 봄, 5~6월, 흰색
높이는 30m로 굵은 가지가 사방으로 퍼지며 프랑스에서는 마로니에(marronier)라고도 부른다.

089 팥꽃나무 봄, 3~5월, 자주색
꽃은 지름 10~12mm로 잎보다 먼저 피는데 묵은 가지 끝에 3~7개가 우산 모양으로 모여 달린다.

090 피라칸다 봄~여름, 5~6월, 흰색
상록 관엽식물로 높이 1~2m까지 자라고 가지가 많이 갈라지고 서로 엉키고 가시가 많다.

091 해당화 봄, 5~7월, 붉은색
바닷가 모래땅에서 자란다. 높이 1~1.5m로 가지를 치며 갈색 가시가 빽빽이 나고 털이 있다.

092 호랑가시나무 봄, 4~5월, 흰색
크리스마스 장식용으로 쓰이며 잎은 두꺼우며 윤채가 나고, 타원 육각형으로 각 점이 가시가 된다.

093 홍가시나무 봄~여름, 5~6월, 흰색
정원이나 화단에 심어 기르는 상록성 작은 키 나무로 잎이 날 때 붉은색을 띠므로 홍가시나무라고 한다.

094 홍매화 봄, 2~4월, 붉은색
높이 5~10m로 꽃은 잎과 같이 피고 붉은색 꽃이 겹으로 핀다. 매실은 공 모양의 녹색이다.

095 화살나무 봄, 5월, 녹색
많은 줄기에 많은 가지가 갈라지고 가지에는 화살의 날개 모양을 띤 코르크질이 2~4줄이 생겨난다.

096 화이트핑크셀릭스 봄, 5~7월, 분홍색
우리말로 표현하면 흰색·분홍색 버드나무란 뜻으로 꽃이 아니며 잎이 계절별로 변하는 수종이다.

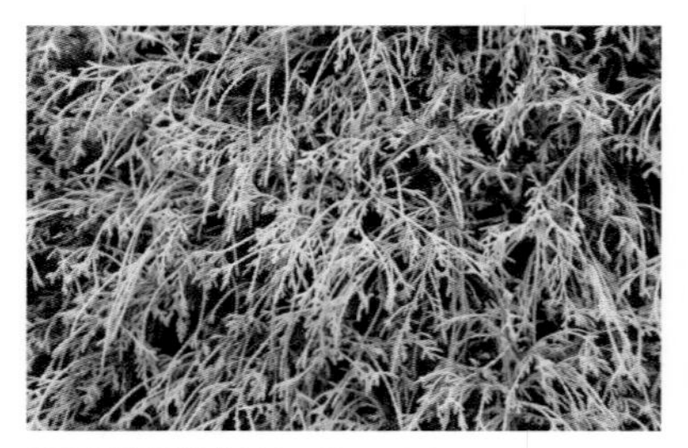

097 황금실향나무 봄, 4월, 노란색
사계절 내내 푸르고 가는 부드러운 잎이 특징으로 실과 같이 가는 황금색 잎이 밑으로 처진다.

098 황매화 봄, 4~5월, 노란색·보라색
짧고 굵은 높이 2m 내외로 가지가 갈라지고 털이 없으며 꽃은 잎과 같이 잔가지 끝마다 노란색 꽃이 핀다.

099 회화나무 여름, 7~8월, 노란색
높이 25m로 가지가 퍼지고 작은 가지는 녹색이며 작은 잎은 7~17개씩이고 꽃은 원추꽃차례로 달린다.

100 흰말채나무 봄, 5~6월, 흰색
홍서목(紅瑞木)이라고도 하며 껍질은 홍자색을 띠고 꽃은 우산 모양의 취산꽃차례로 달린다.

정원의 초화 100

정원이나 화단에 야생화와 원예식물을 식재할 때의 궁극적인 목적은 대부분 꽃을 보기 위함이다. 우리나라에는 계절별로 화단이나 정원에 이용할 수 있는 아름다운 야생화가 많다. 이러한 야생화는 주변에서 주로 많이 심는 것을 중심으로 환경 적응성이 좋고 개화기간도 긴 종류를 선택하여 식재하는 것이 좋다. 또한, 정원용 원예식물의 경우 개화기를 정확하게 파악하고 계절별로 연속해서 꽃을 볼 수 있도록 식재하는 것이 중요하다. 다음은 정원에서 주로 볼 수 있는 식물을 중심으로 화단에 사용할 수 있는 초화류의 종류를 가나다순으로 나타낸 것이다.

101 가자니아 여름~가을, 7~9월, 주황색
남아프리카 원산이며 주황색의 바탕에 황색의 복륜의 꽃잎을 가진 모양이 훈장을 연상시킨다.

102 구절초 여름~가을, 9~11월, 흰색 등
9개의 마디가 있고 음력 9월 9일에 채취하면 약효가 가장 좋다는 데서 구절초라는 이름이 생겼다.

103 국화 봄~가을, 5~10월, 노란색·흰색 등
다년초로 줄기 밑 부분이 목질화하며 잎은 어긋나고 깃꼴로 갈라진다. 매·죽·난과 더불어 사군자이다.

104 금계국 여름, 6~8월, 황금색
2년초로 줄기 윗부분에 가지를 치며 높이 30~60cm이다. 물 빠짐이 좋은 모래흙에서 잘 자란다.

105 금낭화 봄, 5~6월, 붉은색
전체가 흰빛이 도는 녹색이고 꽃은 담홍색의 볼록한 주머니 모양의 꽃이 주렁주렁 달린다.

106 기린초 여름~가을, 6~9월, 노란색
줄기가 기린 목처럼 쭉 뻗는 기린초는 아주 큰 식물이 아닐까 생각되지만 키는 고작 20~30㎝ 정도이다.

107 꼬리풀 여름, 7~8월, 보라색
다년초로 높이 40~80cm이고 줄기는 조금 갈라지며 위를 향한 굽은 털이 있고 곧게 선다.

108 꽃범의꼬리 여름~가을, 7~9월, 분홍색·흰색 등
총상꽃차례로 꽃받침은 종 모양, 화관은 입술 모양, 꽃잎은 상순은 둥글며 하순은 3갈래로 갈라진다.

109 꽃양귀비 봄~여름, 5~6월, 붉은색·흰색 등
동유럽이 원산지로 줄기의 높이는 50~150㎝이고 약용, 관상용으로 재배하고 있다.

110 꽃잔디 봄~여름, 4~9월, 진분홍·보라·흰색
멀리서 보면 잔디 같지만, 아름다운 꽃이 피기 때문에 '꽃잔디'라고도 하며, '지면패랭이꽃'이라고도 한다.

111 꽃창포 여름, 6~7월, 자주색
높이가 60~120cm로 줄기는 곧게 서고 줄기나 가지 끝에 붉은빛이 강한 자주색의 꽃이 핀다.

112 꿀풀 여름, 7~8월, 자주색
줄기 끝에 원기둥 모양의 꽃 이삭이 달리고, 입술 모양의 꽃을 뽑아서 빨면 꿀물이 나온다.

113 끈끈이대나물 여름, 6~8월, 붉은색
2년초로 윗부분의 마디 밑에서 점액이 분비된다. 이 때문에 '끈끈이대나물'이라 이름이 붙여졌다.

114 노랑꽃창포 봄, 5~6월, 노란색
꽃의 외화피는 3개로 넓은 달걀 모양이고 밑으로 처지며, 내화피는 3개이며 긴 타원형이다.

115 노루오줌 여름~가을, 7~8월, 붉은색·흰색 등
높이 30~70cm로 뿌리줄기는 굵고 옆으로 짧게 뻗으며 줄기는 곧게 서고 갈색의 긴 털이 난다.

116 대상화 가을, 9~10월, 분홍색
수술과 암술은 많고 꽃밥은 황색이며 암술은 모여서 둥글게 되지만 열매로 성숙하지 않는다.

117 도라지 여름~가을, 7~8월, 보라색·흰색
도라지의 주요 성분은 사포닌으로 봄·가을에 뿌리를 채취하여 날것으로 먹거나 나물로 먹는다.

118 독일붓꽃 봄~여름, 5~6월, 보라색 등
유럽 원산의 여러해살이 식물로 한국에 자생하는 붓꽃속 식물과 비교하면 꽃이 큰 편이다.

119 돌단풍 봄, 4~5월, 흰색
잎의 모양이 5~7개로 깊게 갈라진 단풍잎과 비슷하고 바위틈에서 자라 '돌단풍'이라고 한다.

120 동자꽃 여름~가을, 7~8월, 주홍색
긴 곤봉 모양의 꽃받침에 붙어 있는 꽃잎은 끝 부분이 오목하게 패고 납작하게 벌어진다.

121 디모르포세카 여름~가을, 6~9월, 보라색·흰색 등
남아프리카 원산으로 국화과 식물이고 꽃이 힘찬 느낌이 있어서 꽃말이 원기, 회복이라고 한다.

122 라벤더 여름~가을, 6~9월, 보라색·흰색
지중해 연안이 원산지로 잎이 달리지 않은 긴 꽃대 끝에 수상꽃차례로 드문드문 달린다.

123 루드베키아 여름, 6~8월, 노란색
북아메리카 원산으로 여름철 화단용으로 화단이나 길가에 관상용으로 심어 기르는 한해 또는 여러해살이풀이다.

124 루피너스 봄~여름, 5~6월, 붉은색·파란색 등
번식력이 강하여 주변의 식생과 경합을 벌여도 쉽게 이기는 삶의 강한 욕구가 엿보이는 꽃이다.

125 리빙스턴데이지 봄, 5~6월, 분홍색·흰색 등
남아프리카 원산의 한해살이풀로 선명한 원색 꽃이 아름다워 원예식물로 재배한다.

126 마거리트 여름~가을, 7~10월, 흰색 등
다년초로 높이는 1m 정도이고, 쑥갓과 비슷하지만, 목질이 있으므로 '나무쑥갓'이라고 부른다.

127 매발톱꽃 봄, 4~7월, 자갈색·보라색 등
꽃잎 뒤쪽에 '꽃뿔'이라는 꿀주머니가 매의 발톱처럼 안으로 굽은 모양이어서 이름이 붙었다.

128 맥문동 여름, 6~8월, 보라색
꽃이 아름다운 지피류로 그늘진 음지에서 잘 자라 최근에 하부식재로 많이 사용하고 있다.

129 메리골드 봄~가을, 5~10월, 노란색 등
멕시코 원산이며 줄기는 높이 15~90cm이고 초여름부터 서리 내리기 전까지 긴 기간 꽃이 핀다.

130 무늬둥굴레 봄~여름, 5~7월, 흰색
높이는 30~60cm로 꽃은 줄기 밑 부분의 셋째부터 여덟째 잎 사이의 겨드랑이에 한두 개가 핀다.

131 물망초 봄~여름, 5~8월, 하늘색
다년초로 높이 20~50cm 정도 자란다. 물망초란 영어의 Forget me not(나를 잊지 마세요)을 번역한 것이다.

132 바위솔 가을, 9월, 흰색
모양이 소나무의 열매인 솔방울과 비슷하고 바위에서 잘 자라기 때문에 '바위솔'이라고 부른다.

133 백리향 여름, 6~7월, 분홍색
원줄기는 땅 위로 퍼져 나가고 어린 가지가 비스듬히 서며 향기가 있어 관상용으로 심는다.

134 백일홍 여름~가을, 6~10월, 붉은색 등
꽃이 잘 시들지 않고 100일 이상 오랫동안 피어 유지되므로 '백일홍(百日紅)'이라고 부른다.

135 백합 봄~여름, 5~7월, 흰색·노란색 등
원예종까지 합쳐 1천여 종이 넘는다. 근경의 비늘 조각이 100개나 된다는 데서 백합(百合)이라고 한다.

136 버베나 봄~가을, 5~10월, 적색·분홍색 등
주로 아메리카 원산으로 열대 또는 온대성 식물이다. 품종은 약 200여 종이 있다.

137 벌개미취 여름~가을, 6~9월, 자주색
뿌리에 달린 잎은 꽃이 필 때 진다. 개화기가 길어 꽃이 군락을 이루면 훌륭한 경관을 제공한다.

138 범부채 여름, 7~8월, 붉은색
꽃은 지름 5~6cm이며 수평으로 퍼지고 노란빛을 띤 빨간색 바탕에 짙은 반점이 있다.

139 복수초 봄, 5월, 노란색
동양에서는 복(福)과 장수(長壽)를 뜻하는 노란색을 귀하게 여기는데, 복을 많이 받고 오래 살라는 뜻이 있다.

140 부겐빌레아 봄~가을, 4~11월, 분홍색·빨간색 등
보통 꽃으로 알고 있는 포엽이 관상 포인트인 식물로 3개씩 싸여서 삼각형 모양을 이룬다.

141 부들 여름, 6~7월, 노란색
잎이 부드럽고 부들부들하다는 뜻이 있고 뿌리만 진흙에 박고 잎과 꽃줄기는 물 밖으로 드러난다.

142 부처꽃 여름, 7~8월, 홍자색
냇가, 초원 등의 습지에서 자라고 높이 1m 정도로서 곧게 자라며 가지가 많이 갈라진다.

143 분홍달맞이꽃 여름, 6~7월, 분홍색
달맞이꽃과는 반대로 낮에는 꽃을 피우고 저녁에는 시드는 꽃이다. 낮달맞이꽃이라고도 한다.

144 분홍바늘꽃 여름, 7~8월, 분홍색
뿌리줄기가 옆으로 벋으면서 퍼져 나가 무리 지어 자라고 줄기는 1.5m 높이로 곧게 선다.

145 붉은인동 여름, 5~6월, 붉은색
줄기가 다른 물체를 감으면서 길이 5m까지 벋는다. 늦게 난 잎은 상록인 상태로 겨울을 난다.

146 붓꽃 봄~여름, 5~6월, 자주색 등
약간 습한 풀밭이나 건조한 곳에서 자란다. 꽃봉오리의 모습이 붓과 닮아서 '붓꽃'이라 한다.

147 비비추 여름, 7~8월, 보라색
꽃은 한쪽으로 치우쳐서 총상으로 달리며 화관은 끝이 6개로 갈래 조각이 약간 뒤로 젖혀진다.

148 사계국화 봄, 4~5월, 연보라·분홍색
호주가 원산지이고 국화과의 여러해살이풀로 사계절 쉼없이 핀다고 해서 '사계국화'라 한다.

149 사철베고니아 봄~겨울, 1~12월, 붉은색·분홍색 등
브라질 원산으로 여러해살이풀로 사철 내내 피는 꽃이어서 붙여진 이름이다.

150 산국 가을, 9~10월, 노란색
높이 1m로 들국화의 한 종류로서 '개국화'라고도 한다. 흔히 재배하는 국화의 조상이다.

151 샤스타데이지 여름, 5~7월, 흰색
국화과의 다년생 초본식물로 품종에 따라 봄에서 가을까지 선명한 노란색과 흰색의 조화가 매력적인 꽃이 핀다.

152 섬초롱꽃 여름~가을, 6~9월, 자주색
한번 심으면 땅속줄기가 반영구적으로 증식하므로 도로변이나 공원 등 공공시설에 심어 조경한다.

153 송엽국 봄~여름, 4~6월, 자홍색 등
줄기는 밑 부분이 나무처럼 단단하고 옆으로 뻗으면서 뿌리를 내리며 빠르게 번식한다.

154 수레국화 여름, 6~7월, 청색 등
유럽 동남부 원산으로 독일의 국화이다. 꽃 전체의 형태는 방사형으로 배열된 관상화이다.

155 수련 여름~가을, 5~9월, 분홍색 등
꽃은 3~4일간 정오경에 피었다가 저녁때 오그라들기 때문에 잠자는 꽃이라는 뜻으로 수련이다.

156 수선화 겨울~봄, 11~3월, 노란색·흰색
지중해 연안 원산으로 화피 조각은 6개이고 흰색이며, 부화관은 높이 4mm 정도로서 노란색이다.

157 숙근코스모스 여름~가을, 6~11월, 노란색
북아메리카 남동부가 원산으로 문빔(moon beam)이라고 달빛과 같이 은은한 색감을 뜻한다.

158 시계꽃 여름, 7~8월, 연보라색·흰색
브라질 원산의 상록성 다년생 덩굴식물로 꽃의 모양이 시계처럼 생긴 데서 이름이 유래하였다.

159 아네모네 봄, 4~5월, 분홍색·붉은색 등
6월에 잎이 누레지면 알뿌리를 그늘에 말려 저장하여 9~10월 심으면 이른 봄에 6~7cm의 꽃이 핀다.

160 아스타 여름~가을, 7~10월, 푸른색 등
이름은 '별'을 의미하는 고대 그리스 단어에서 유래했다. 꽃차례 모양이 별을 연상시켜서 붙은 이름이다.

161 안젤로니아 봄~가을, 5~11월, 흰색·분홍색
추위에 약해서 한 해밖에 살질 않지만, 꽃이 오랜 시간 피어 있기 때문에 관상용으로 선호한다.

162 알리움 봄, 5월, 보라색, 분홍색, 흰색
우리가 즐겨 먹는 파, 부추가 알리움 속 식물이다. 대체로 꽃 모양이 둥근 공 모양을 하고 있다.

163 양달개비 봄~여름, 5~7월, 자주색
높이 50cm 정도며 줄기는 무더기로 자란다. 닭의장풀과 비슷하나 꽃 색이 진한 자주색이다.

164 억새 가을, 9월, 자주색
뿌리줄기가 땅속에서 옆으로 퍼지며, 칼 모양의 잎은 가장자리에 날카로운 톱니가 있다.

165 에키네시아 여름, 6~8월, 분홍색·흰색 등
북아메리카 원산으로 다년생이며, 꽃 모양이 원추형이고 꽃잎이 뒤집어져 아래로 쳐진다.

166 연꽃 여름, 7~8월, 분홍색·흰색
순결과 부활을 상징하는 연꽃은 세상의 유혹에 물들지 않는 순수하고 고결한 정신을 표현하곤 한다.

167 옥잠화 여름~가을, 8~9월, 흰색
꽃은 총상 모양이고 화관은 깔때기처럼 끝이 퍼진다. 저녁에 꽃이 피고 다음날 아침에 시든다.

168 용담 여름~가을, 8~10월, 자주색
20~60cm 높이로 화관(花冠)은 종처럼 생기고 꽃잎 가장자리가 5개로 갈라져 뒤로 젖혀진다.

169 우단동자꽃 여름, 6~7월, 붉은색·흰색 등
높이 30~70cm의 다년초로 전체에 흰 솜털이 빽빽이 나며 줄기는 곧게 서고 가지가 갈라진다.

170 은방울꽃 봄, 5~6월, 흰색
6~8mm 종 모양의 꽃으로, 길이 5~10cm의 총상꽃차례에 10송이가 아래를 향하여 핀다.

171 임파첸스/서양봉선화 여름~가을, 6~11월, 분홍·빨강 등
일년초로 꽃의 크기는 4~5cm이고 줄기 끝에 분홍·빨강·흰색꽃 등이 6월부터 늦가을까지 핀다.

172 작약 봄~여름, 5~6월, 분홍색 등
줄기는 여러 개가 한 포기에서 나와 곧게 서고 꽃은 지름 10cm로 아름다워 원예용으로 심는다.

173 접시꽃 여름, 6월, 붉은색 등
원줄기는 털이 있으며 초여름에 접시 모양의 커다란 꽃이 피고 열매도 둥글납작한 접시 모양이다.

174 제라늄 봄~가을, 4~10월, 적색·흰색 등
원산지는 남아프리카이고, 다년초로 약 200여 변종이 있으며 꽃은 색과 모양이 일정하지 않게 핀다.

175 종덩굴 여름, 7~8월, 자주색
덩굴식물이며 아래를 향해 피는 보랏빛 꽃이 종처럼 생겼다고 하여 '종덩굴'이라고 부른다.

176 종이꽃 여름~가을, 6~9월, 흰색·분홍색 등
꽃잎을 만지면 부스럭 소리가 나며, 그 감촉이 종이와 비슷하여 종이꽃으로 불리게 되었다.

177 차가플록스 봄, 5월, 연보라색
꽃잔디를 포함한 플록스류는 추위에도 매우 강한 편이어서 노지 월동을 하는 키우기 쉬운 꽃이다.

178 참나리 여름~가을, 7~8월, 주황색
꽃은 붉은색 바탕에 검은빛이 도는 자주색 점이 많으며 4~20개가 밑을 향하여 달린다.

179 천사의나팔꽃 여름~가을, 6~11월, 노란색·주황색 등
천사가 긴 나팔을 입에 물고 소식을 전하는 모습이 연상되어 '천사의나팔꽃'이라고 부른다.

180 천일홍 여름~가을, 7~10월, 붉은색·흰색 등
한해살이풀로 작은 꽃이 줄기 끝과 가지 끝에 한 송이씩 달려 두상 꽃차례를 이룬다.

181 캄파눌라 봄~여름, 5~6월, 자주색 등
종 모양의 꽃이 조롱조롱 달려 덩굴성으로 자라는 모습이 마치 아름다운 꽃잔디를 연상시킨다.

182 캐모마일 봄~가을, 5~9월, 흰색 등
달콤하고 상쾌한 사과 향을 지니고 있으며 차로 즐기거나 목욕, 미용, 습포 등에 이용한다.

183 코스모스 여름~가을, 6~10월, 연홍색·백색 등
멕시코 원산의 1년초로서 관상용으로 널리 심고 있으며 가지가 많이 갈라진다.

184 큰꽃으아리/클레마티스 봄~여름, 5~6월, 흰색 등
꽃은 10~15cm로 흰색, 연한 자주색 등 다양하게 있고 가지 끝에 원추꽃차례로 1개씩 달린다.

185 톱풀 여름~가을, 7~10월, 흰색
잎이 어긋나고 길이 6~10cm로 양쪽이 톱니처럼 규칙적으로 갈라져 '톱풀'이라고 한다.

186 튤립 봄, 4~5월, 빨간·노란색 등
꽃은 1개씩 위를 향하여 빨간색·노란색 등 여러 빛깔로 피고 길이 7cm정도이며 넓은 종 모양이다.

187 패랭이꽃/석죽 여름~가을, 6~8월, 붉은색
높이 30cm 내외로 꽃의 모양이 옛날 사람들이 쓰던 패랭이 모자와 비슷하여 지어진 이름이다.

188 팬지 봄, 2~5월, 노란색·자주색 등
2년초로서 유럽에서 관상용으로 들여와 전국 각지에서 관상초로 심고 있는 귀화식물이다.

189 페튜니아 봄~가을, 4~10월, 붉은색 등
남아메리카가 원산지로 여름 화단이나 윈도 박스에 흔히 심을 수 있는 화려한 트럼펫 모양의 꽃이다.

190 펜타스 봄~가을, 5~9월, 분홍색·붉은색 등
20송이 정도의 끝이 뾰족하게 다섯 갈래로 갈라진 꽃들이 우산 모양으로 모여서 달린다.

191 풍접초 여름~가을, 8~9월, 분홍색·백색 등
아메리카 원산 한해살이풀로 줄기는 높이 1m 정도이고 꽃은 총상꽃차례를 이룬다.

192 플록스 여름, 6~8월, 진분홍색
그리스어의 '불꽃'에서 유래되었다. 꽃이 줄기 끝에 다닥다닥 모여 있는 모습이 매우 정열적이다.

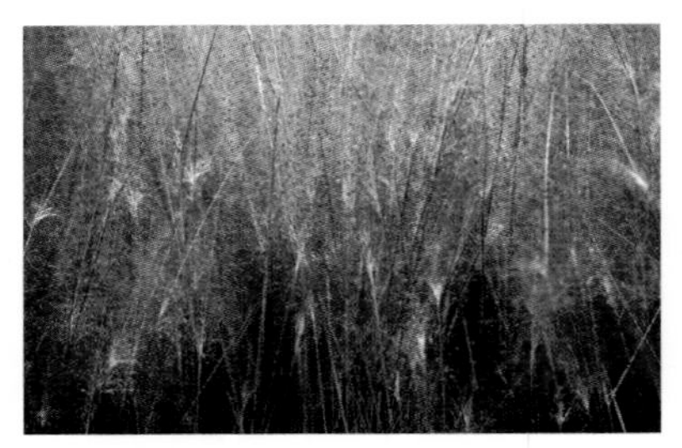

193 핑크뮬리 가을, 9~11월, 분홍색 등
분홍억새라고도 하는데 가을철 바람에 흩날리는 풍성한 분홍색 꽃이 아름답기로 유명하다.

194 한련화 여름, 6~8월, 노란색 등
유럽에서는 승전화(勝戰花)라고 하며 덩굴성으로 깔때기 모양의 꽃과 방패 모양의 잎이 아름답다.

195 할미꽃 봄, 4~5월, 자주색
흰 털로 덮인 열매의 덩어리가 할머니의 하얀 머리카락같이 보여서 '할미꽃'이라는 이름이 붙었다.

196 해바라기 여름, 8~9월, 노란색
꽃이 피기 전에만 해를 따라가며, 꽃이 피면 남쪽을 향하고 있다가 씨앗이 여물 무렵에 처진다.

197 후르츠세이지 여름~가을, 7~10월, 빨간색·흰색
허브 종류로 온두라스가 원산지이며, 잎사귀에서 후르츠 칵테일 향이 나는 세이지라고 붙여진 이름이다.

198 휴케라 여름, 6~8월, 붉은색 등
다채로운 색깔과 모양을 가진 잎과 안개꽃처럼 풍성하게 피는 꽃도 예뻐서 정원에 흔히 활용하고 있다.

199 흰꽃나도사프란 여름~가을, 7~10월, 백색
남아메리카 원산으로 꽃은 줄기 끝에 1송이씩 위를 향해 달리는 데 낮에는 피고 밤에는 오그라든다.

200 히아신스 봄, 3~4월, 푸른색·분홍색 등
꽃은 잎이 없는 줄기 끝에 무리 지어 피며 꽃에서 오일을 채취하여 향료로 쓰인다.